失控的未来

HEARTIFICIAL INTELLIGENCE

[美] 约翰·C·黑文斯◎著
仝琳◎译

John C. Havens

中信出版集团 · 北京

图书在版编目（CIP）数据

失控的未来 / (美) 约翰 · C · 黑文斯著；仝琳译
. -- 北京：中信出版社，2017.4
书名原文：Heartificial Intelligence
ISBN 978-7-5086-7313-4

I. ①失…　II. ①约… ②仝…　III. ①人工智能－研究 IV. ①TP18

中国版本图书馆CIP数据核字（2017）第036366号

失控的未来

著　　者：[美] 约翰 · C · 黑文斯
译　　者：仝　琳
出版发行：中信出版集团股份有限公司
（北京市朝阳区惠新东街甲 4 号富盛大厦 2 座　邮编　100029）
承 印 者：三河市西华印务有限公司

开　　本：787mm × 1092mm　1/16　　印　　张：20.75　　字　　数：205 千字
版　　次：2017 年 4 月第 1 版　　印　　次：2017 年 4 月第 1 次印刷
京权图字：01-2017-0373　　广告经营许可证：京朝工商广字第 8087 号
书　　号：ISBN 978-7-5086-7313-4
定　　价：59.00 元

服务热线：400-600-8099
投稿邮箱：author@citicpub.com

谨献给纳特和苏菲

他们是我对这真实未来的最大贡献

关于本书格式的简要说明

嗨，欢迎阅读本书！

我们有一些激动人心的消息要告诉大家！这本书使用了传统的纸质印刷方式出版。历史研究表明，这种格式的书可供人们静心阅读、仔细玩味，审视自己对书中所表达思想的态度，而不像在网上阅读那样，要先点开十几个猫咪视频、脸谱网帖子或推特文章等，然后才能开始。我们的焦点小组调研也表明，这种出版格式可让你免受算法的影响，迫使你直面自己的思想，从而有助于增强你对这凌乱而又伟大的人性的感知。

另外，除了有关你最初购买这本书的信息之外，在你开始阅读之后，你的行为就怎么也不会被追踪了。虽然我们可以借助现代追踪与剖析方法试图影响你对这本书的反应（尽管这个想法很有诱惑力），但正如本书内容所示，我们所希望的是你能够花时间好好分析一下不断涌现的技术正如何影响着你。

不用说，我们每个人都有自己的心和大脑。所以，我们建议你首先利用自己已经拥有的东西来增加快乐与幸福，而不是依赖别人正在努力创建的东西。但要指出的是，这并不是说别人创建的东西不够神奇或不值得拥有。而是因为我们觉得，如果你不能首先确定自己“真正的人性”的话，那你就无法充分理解“人工”智能的含义。

多谢你抽出宝贵的时间阅读本书。我们希望你喜欢这个更为传统的阅读过程，并享受它所带来的个人反思。

这是你应得的。

如果你已经选择购买了这本书的电子版，且更愿意先点击支持猫咪视频、脸谱网帖子或推文，我们建议你大声喊出这句话：“我是一个人，我不会被追踪！”这样你就可以让自己集中注意力，提醒自己注意与生俱来的人性，因为在公共场合热情洋溢地做出如此不合逻辑的行为，恰恰证明了你的人性所在。但也请注意，你仍然会受到成百上千个外部数据代理商、广告商及其他组织的追踪，他们中的每一个都有可能会试图卖给你维生素补充剂等产品。我们只对其中的 7 家做过实验，而且还不能合法证明其效用。

你至少不会被作者和出版商追踪。当你在星巴克读书的时候，人们可能会盯着你看，或者你的孩子会让你分心。你每天或许只有宝贵的 7 分钟的阅读时间，因为如果你跟我很像的话，你可能会在很尴尬的时间（例如晚上 9 点半）就昏睡过去，因为你一整天都在照看孩子，还要做其他事情，对吧？

许多有着博士学位的人都这样说过。至少其中有一个好像是苏格拉底，所以我们十分有把握这种说法是真的。

说真的，这确实是你应得的。如果你和我一样，人工智能会对你产生三种影响：

- 它让你害怕，因为你觉得你的烤面包机会杀了你。
- 它让你担忧，因为你老板刚刚把你的奖金给了一个算法。
- 它让你困惑，因为你的人性每天更多地处于机器的控制当中。

别等到奇点来了，人工智能统治世界了，才相信我所说的这一切。烤面包机真的是很卑鄙的小家伙。

作者按

关于人工智能等新兴技术的写作非常具有挑战性，因为在完成书稿和图书出版的间隙，你所写的内容领域很有可能又有了新的发现。所以，为安抚将来在亚马逊、Reddit（红迪网，美国一家社交新闻网站）及其他平台上评论的人，特作以下声明：

• 值本书撰写之际，谷歌尚未发布任何有关人工智能道德委员会的具体信息。如果在你读这本书的时候谷歌已经发布了相关信息，那我要对它说声谢谢！非常希望我这句谢谢是因为我既能够成为该委员会的一员，还能在谷歌睡眠舱（在那里，我的思维最为活跃）小憩，并能享受来自著名的谷歌自助餐厅的美味健康餐饭。

• 值本书撰写之际，据我了解，尚未形成任何正式的、行业范围的人工智能道德标准。这很有可能是因为我孤陋寡闻，另外，很多大机构已经开始着手这一领域了，其中的许多家我在本书写作过程中都进行过采访。本书的重点更多地在于指出建立此类标准的必要性及其对个人来说非常重要的原因，而不是为了评论某家机构的精准度或效力。

- 如果说在某种意义上我们已经被人工智能（或机器人）接管了，那么我要指出的是，我对这些具有感知力的未来同事持赞成的态度。我是认真的。这不是一本反人工智能或反超人类主义的书。我认为，建立人工智能道德伦理标准是一种更为成熟的对待人类与机器的未来的方法，而不是为了创造能够出售和奴役的具有感知力的机器。你可以说我疯了。

- 对于人工智能，我觉得有点儿幽默感是很有必要的。这并非是不认真看待人工智能。正如我在本书中所指出的，对于自动化和人的能动作用的丧失，我也经历过害怕和失落的挣扎。但我写成这本书，目的就是为了在你开始思考人工智能的出现已不可避免的今天，能帮助你走出害怕的阴影，能发挥建设性的作用。我的提议是，我们要以好奇心、笑声与欢乐去迎接未来，而不是恐惧、忧郁和害怕。

作者的最后说明

我是巨蟒剧团的超级粉丝。本说明除了犯傻，别无他用。

目录

下篇 真正的进步

第 7 章 让算法更加准确地了解我们

第 8 章 人工智能的价值观

第 9 章 人工智能的道德宣言

第 10 章 GAP——智能的未来

HEARTIFICIAL INTELLIGENCE

引　言　让机器闪耀人性之光

2021 年春

“如果你想让你女儿活下来，这是唯一的解决办法。”

我的妻子和两个孩子（儿子 11 岁，女儿 9 岁）在等候室里等着，诊察台的白纸上还留有我女儿梅拉妮刚才做检查时留下的皱巴巴的痕迹。医生给她抽血后用来擦拭的酒精棉的味道还弥漫在空气中，久久不散。

“这么说，这个电脑芯片是直接安在她的大脑里了？”我再一次问道。我还是不能理解我女儿要经历什么遭遇，才能对抗她的青少年帕金森病。一年前，她的双手开始整日地发抖。抽搐症状也日渐严重。而就在两个月前，她在学校开始昏厥、跌倒。虽然要经过一系列疼痛的检查，但诊断结果还是很快就出来了，确诊为帕金森病。

“没错。”施瓦玛医生答道。在过去的 6 年里，她一直是我们的家庭医生。35 岁左右的她，话语犀利、富有同情心，对于诊断结果从来不拐弯抹角。她曾和在曼哈顿工作的擅长做这类手术的朋友取得联系。“这个芯片将有助于控制您女儿大脑中导致她抽搐的异常突触。”她说。

我指着她手中的iPad平板电脑说：“那个芯片和电脑中的芯片差不多，对吗？一旦放进去，就永远留在她的大脑里，我说的对吗？”

“我们希望是这样，因为人体排斥反应非常厉害。我们很有可能需要更换芯片，尽管这是在大脑中进行的，但手术相对比较简单。另外，随着技术的发展，可能还可以进行远程更新，这就更加降低了将来做手术的概率。”

扬声器里传来了办公室秘书呼叫施瓦玛医生的同事去前台的声音，我停顿了一会儿，说道：“如果有远程更新的话，这个芯片就成了一个固件，对吗？它不是，比方说，硅制的支架等诸如此类的东西，而是一种动态的技术。”

施瓦玛医生点点头，“没错。”

“也就是说，这会涉及到Wi-Fi、蓝牙或者iBeacon（信标）等技术。”

她再次点点头，“具体情况我还不确定，但基本的思路就是我们将需要在不进行手术的情况下远程检查芯片的运行状态。所以，我们会用到你刚才所说的那些短程技术。”

“这样说，她有可能会被黑客侵入？”我胸口越来越紧，眼睛也湿润了，“是吗？那Wi-Fi类的东西怎么工作？她的大脑要设个密码吗？她能旅行吗？她该怎么跟机场里运输安全管理局的人解释？”

施瓦玛医生伸了伸手，“约翰——这些问题都很重要，将来我们肯定还会遇到更多挑战。但好处总归远远多于坏处。”

“对不起，”我用手背擦了擦眼睛，说道，“只是一想到我女儿大脑里要装个芯片，实在太吓人了。她最终会不会把芯片更新成一部内置的智能手机？她会不会成为自己的Wi-Fi热点？这是不是意味着她成了半机械人？”

施瓦玛医生摇了摇头。“半机械人通常是指因威胁生命之外的原因，而选择将身体的某部分替换成机械的人。但从严格意义上讲，她将成为半机械人。”她拿起手机示意道，“当然，这跟我们大家也没什么区别。”

“但我们可以把手机关掉，”我回应道，“而她那个芯片却永远都在。”

她往前迈了一步，把手放在我的肩膀上，“是的，芯片会一直在你女儿的身体里，约翰。但不这样做的话，她就不在了。”

真正的挑战

几年前，我曾为一家专注技术和文化的大众在线新闻网站Mashable写过一篇关于人工智能（AI）的文章。文章的目的在于进一步展开对人工智能的探讨，而不再只是对这项技术持完全接受或全盘否定的极端态度。尽管我相信人工智能在我们的生活中无法避免，但这并不意味着我们应该盲目地接受该领域出现的任何新的发展成果。同样，一味害怕技术的发展对人类来说也没有什么好处。在我的文章中，我非常想根据自己的理解，找出有关人机合作或合并的可能的解决方案。

起初，我所做的研究让我非常沮丧。我发现，尽管人工智能领域发展迅速，却一直没有形成有关安全性的行业标准。我发现，对于在什么条件下、什么时候机器有可能具有感知力（智能、“活着的”）的问题，没有人能够说清楚。很多曾经说过这永远不可能发生的专家都为新近取得的成果而感到惊讶，渐渐改变了想法。总之，以我的经验来说，不管机器能否变得真正具有感知力，人工智能的广泛应用都是不可避免的。而且，虽然人工智能的开发者和使用者一直在说“我们要确保自己明白这项技术涉及的伦理问题”，但他们还是在不断地构建可能无法控制的系统。

我觉得这是一个问题。

但也是个机遇。

我对Mashable网站上的那篇文章进行了扩展，形成了这本书。经过多年的研究和采访，我逐渐意识到，对于人工智能的发展，根本没有什么简单的答案。没有谁能够精确地预测机器或机器人何时能“活过来”，也没有谁能准确地预测它们到底会是什么模样。

所以，就我而言，为了打消我个人的担忧，我开始想象人工智能不可或缺的个人生活场景。前面关于我女儿的虚构场景便由此而来。尽管人工智能的某些方面让我感到忧虑，但如果一项技术能够关系到我女儿（她是真实存在的）的生死的话，我会毫不犹豫地支持。

这样的虚构场景虽然看起来很奇怪，却给了我一次宣泄的机会。我不再为由机器主导的未来感到担忧，而是更加专注于人工智能问题的研究，从而印证人性的存在。所以，这本书每一章的开篇均为一个虚构的故事片段——我想帮助大家跳出关于人工智能的极端争论，并思考在我为大家展现的场景中，自己会做出何种反应。人工智能不再只是科幻小说的内容了，它就在我们身边。我使用这些故事的目的，是为了帮助大家更快地直面并打消自己的恐惧，就像我所经历的那样，从而看到无法避免的人工智能所具有的积极影响。每章的正文是对虚构片段中提到的技术及相关问题的描述。

有一点我要提醒大家，但不是说几十年后机器人杀手会统治世界。人工智能领域发展十分迅速，以至几年之内我们可能就会失去不受算法限制的自主反思的机会。我们中间有很多人已经到了这个地步：每当面对生活中的重大决策时，便会求助于设备和程序代码：我该去哪儿？我该和谁约会？我感觉如何？这些“数字助手”的帮助的确非常大。

但同时，在它们的训练下，我们也不自觉地把决策权委托给了它们的默认值。在这个过程中，我们自愿地把过去负责做决定的部分自我让渡给了技术。对于我而言，我可以忍受自己的孩子永远不知道如何使用纸质地图，但如果说他们不借助算法就不能找到生活伴侣的话，我是无法忍受的。对于能够通过心跳和脑电波监测来判断我此刻是否高兴的应用程序，我可以忍受。但如果说这些设备操纵监测结果并促使我做出自己不能完全理解的行为的话，我是无法忍受的。

自人类诞生以来，技术就一直在协助我们完成各种任务。但从人类整体作为一个种族的角度而言，我们还从未面对过机器极有可能变得比人类更聪明或具有意识的处境。我们需要充分认识这项尖端技术，不仅是为了进一步表达对人性的敬重，同时也是为了尽可能地揭示人工智能将如何促进人性的发展。

这正是为什么我们需要在充分了解的基础上，弄清楚想要训练机器做哪些工作。这不仅涉及到个人，更是关乎整个社会的选择。我们正处于人类历史上的转折点，当委托成为一种习惯，我们就有可能把那些更适于亲身去体验的生活内容外包出去。但问题是，如果连我们自己都不了解自己的话，机器又如何能够明白我们看重的是什么呢？

这就是真正的挑战所在，也是本书的根基所在——不论对个人而言，还是对整个人类而言都是如此。我们首先要梳理自己的价值观，然后才能更好地在将来让人工助手、机器同伴和算法为我们提供帮助。

这个概念本身也是你面临的真正的挑战，我编写此书的原因亦在于此。

如果你是像我一样的极客，如果你觉得我是在轻视技术，那么有一点我要说明：我不是反人工智能，而是支持人性。这二者并不矛盾。如果机器是人类发展的自然结果，此刻我们更应该全面清楚地认识自己，才能以我们坚信的道德观和价值观来发展机器。人工智能领域有一个概念，叫深度学习，描述的是通过机器观察学习法来构建神经网络的一种途径。我建议通过梳理人类的道德观、价值观及其特有属性，从而展开类似的关于人类自身的深度学习。

有一些好消息：有一门叫作积极心理学的科学，通过让人们观察能够为其生活带来改善的行为，比如感恩和利他，来提升人们的幸福感。我之所以选用“幸福感”这个词，是因为它指的是这些行为能够激发内在而持久的生活满意状态，而不是转瞬即逝、视心情而定的“愉悦感”。尽管那种“享乐主义的愉悦感”合乎常情又招人喜欢，但积极心理学已证明，不断地自行改善自己的心情不仅是奇怪的，还十分耗费精力。只有通过不断重复能够激发自省而不只是唯情绪是从的行为，才可以达到精神、肉体和心灵上真正健康而完整的幸福状态。这种深度学习的方法值得我们将之应用于自己的生活。

但是，也有一些令人遗憾的消息：我们无法实现幸福感的自动化。尽管我们可以使用某种应用程序，记录感激的瞬间，或测量冥想时的血压，但机器无法代替我们体验幸福。不管怎样，现在还不能。这并不意味着我们应该蔑视人工智能或机器的发展潜力，只不过是认识到了它们与人类构造的不同。积极心理学表明，自动化的幸福感在人类身上不适用。人类基本情感与精神的向外委托是无法程序化的。预测性算法能够帮助我们认识影响情绪的因素，但长期幸福感的提升需要我们去有意识且不间断地参与。

这里，我们应该看到这样一个残酷的事实：从许多方面来讲，把涉及幸福感之外的决策权委托给机器，或者对我们因何而幸福或因何而成为人的问题避而不答，相对来说更加简单。但本书不是为了应对未来黑暗的人工智能时代而提出“快速幸福”的程式化方案。相反，这本书关心的是通过这些试探性的尝试，我们意识到我们每一个人都值得拥有对自己更深入的了解。

关注价值观

尽管积极心理学对人们的生活有根本性的影响，但如果我们不愿意关注内心的话，它也无力改善我们的生活。原因如下：

虽然自动化可以剥夺我们的工作，但颇受青睐的算法更有可能抹杀我们的自省意愿。

虽然“终结者”机器人可能会开枪灭掉我们，但人工智能更有可能取代我们独立思考的能力。

虽然我们对机器如何复制我们的意识抱有困惑，但目前我们对技术可能带来的机遇的重视，远远超出了对人类当前利益的考虑。

正是以上的第三点激发了本书的创作。就自动化而言，我们对机器和人类的比较一般围绕着技能方面的问题展开。可讽刺的是，人类专门构建人工智能系统，其初衷本就是让机器具备我们的能力，从而代替人类完成任务。讨论机器能在何时具备哪种技能，至多只能给我们带来短暂的安慰。

无论如何，人类当前具有而机器所没有的，是一种与生俱来的价值观念。这些价值观念是我们在所处的环境中长时间慢慢形成的。除此之外，我们还具备对情感和道德的感知能力，这也是机器所不具备的。虽然认知计算领域取得了一定的进展，能够让机器人同伴看起来似乎具有情感，但是机器人的道德行为原本就是建立在开发它的人类的基础之上的。这就是为什么从本质上来说，我们未来的幸福取决于向机器传达我们最看重的东西。

这就是我要表达的意思。我相信，作为个人，作为整个社会，我们有必要确认、梳理并总结我们的价值观，这样才能将之翻译成机器可以识别的协议。如果你觉得其中的难度无异于登天，这也无妨，因为尝试创造有感知力的机器同样也很困难。然而让人觉得很讽刺的是，许多关于人工智能的研究方法都围绕着观察人类所表现出来的道德行为而展开。这些研究方法已经开始了对人类价值观的梳理总结，只不过通常没有我们的直接参与而已。这意味着致命的自动化武器（不经人类直接干预即可实施杀戮的机器）将可按照任何国籍的某个程序员的指令行动。或者换个例子来说，你的自动驾驶汽车可能会根据汽车制造商的决策来编定程序，在面对不遵守交通规则的行人时，它可能会直接撞上去，而不是冒险躲避。

对此，你怎么看？按理说，这类决策协议是不是应该根据你自己的价值观或道德观来编写呢？

是的，理应如此。不然的话，你自己的价值观就会被忽略，而所有的设备和产品将会按照创造它们的程序员的道德偏见来运行。

这并不意味着程序员就是坏人——只不过他们不是你。如果在上述的自动驾驶汽车事故中，你情愿牺牲自己的生命来保全他人，那又该怎么办？难道你购买的汽车或产品不应该反映出你的这种意愿吗？来自加拿大金斯顿皇后大学的哲学教授贾森·米勒将此概念称为“作为道德代理人的技术”，这为创新而不只是管理带来了巨大的机遇。正如前面讲到的医疗知情同意书那样，在不远的将来，规范人类与人工智能的行为的道德框架，都能够在我们面临相关处境时提供法律声明。这个框架还可以根据你自己的价值观生成个性化数据，企业和个人便可以借此深度了解你的需求。

我将这种道德选择的成文化称为“设计价值观”。在本书后半部分，我为大家提供了一个框架，供大家依据已有的心理调查探索并梳理自己的价值观。这个过程非常简单：核心价值观共有12项（包括家庭、健康等），分别从1到10打分。这就生成了你的人生价值观快照，可以清楚地反映你最看重的有哪些。在之后的三周里，在每一天的最后，根据当天对每一项的实践程度再进行打分。举例来说，假如刚开始时你对家庭这一项的打分是10分。然而，三周之后，你意识到自己与家人共处的时间不多（这就是说，你每天给家庭打的分很低）。这个发现可以帮助你看到生活中有哪些失衡的地方，并根据实际生活的数据对自己的行为做出相应调整。

从设计初衷来看，这个过程很简单，还可以结合使用应用程序来监测心率或压力水平。但这个设计的重点在于你每天对自己如何生活所进行的反思。

令人惊讶的是，在我采访的人当中，很少有人能说出自己每日遵守的五大价值观。而采取某种有意义的方式对之进行检验的人，更加寥寥无几。当然，在多年的生活当中，宗教、信仰及其他专注价值观的方法在完善我们的道德决策方面发挥了很大的作用。但对于“设计价值观”，我的目标是为这个探索过程提供一个框架，这或许能为人工智能系统和人类测量数据提供补充。从这种意义上来说，所有参与者都会明白，我们已经花时间证实了自己最想反映出来的价值观。

补充一点：我并非骄傲自大地认为“设计价值观”是唯一能够通过为人类使用人工智能提供道德上的解决方案，进而拯救全世界的方法。我只是单纯地给大家推荐一个追溯自己的价值观的方法，同时也可以为机器进行道德决策提供信息。

这正是为什么我在本书中花大篇幅强调道德在人工智能领域的重要性，因为我相信这是有效推动人类和机器发展的关键所在。我相信，符合道德规范的编程已经渗透到了所有人工智能系统的制造阶段，从而确保其对社会整体的安全性、实用性和关联性。

这意味着，我们没有任何理由不去了解自己最看重的价值观，也没有理由不按照这些价值理想去生活。事实上，这是我们所有人应尽的义务。否则，机器就会按照YouTube网站或《新泽西娇妻》上的范例进行道德编程。

寻找并遵循我们视如圭臬的价值观是很具有挑战性的事情。但这个过程可以让我们看到自己生活中有哪些地方失衡了——这可能是金钱、时间或其他构成生活的意义的衡量指标。花时间衡量这些东西，能够赋予生活真正的意义。

这是我们的真实所在。

我们的数据协议

对于监视大脑活动的芯片，大多数人都不认为这可以把人变成机器人。但上文关于我女儿的虚构情景却构成了人与机器共享交流的活生生的例子。我们的电脑、手机以及周围的其他设备把我们与互联网连接到了一起——最终，把我们与不断涌入我们大脑与内心的数据连接在了一起。反过来，我们的思想与行为也在不断创造数据，进入环绕在我们周围的信息的海洋中，看不见，却无比真实。

谷歌眼镜让大众见识到了增强现实（AR）技术，它将我们周围的事物转化成数字信息，覆盖到我们看世界的镜片上。被脸谱网收购的Oculus Rift眼镜是虚拟现实（VR）的尖端产品。戴上这个眼镜的话，你的眼睛和耳朵都会被覆盖，从而使你完全沉浸在电子游戏或其他情景体验中。不论采用哪种界面，所有这类硬件设备都只不过是为我们习惯人机必然结合（或者更具体地来说，人机的物理结合）的事实提供了一种过渡而已。正如虚拟情景中的施瓦玛医生所说的，思想与行为的结合已然开始发生。

身体方面的问题相对比较简单。如今，各种可穿戴技术的出现让人们兴奋不已，开始用珠宝首饰或服饰取代手机的设计和用户界面形式，例如苹果手表。很快，利用增强现实技术的隐形眼镜就会完全取代手机，而其中有一些人会选择做准分子激光手术（LASIK），从而实现永久佩戴。我们已经习惯了技术增强版的运动员假体的概念，例如短跑运动员奥斯卡·皮斯托瑞斯就安装了备受争议的假体，人们因此送了他“刀锋战士”的称号。如今，何时实现人机合体，仅仅是个个人选择问题。

但事实上，对多数人来说，数字王国里的个人数据代表着一个人的生活这个概念仍然是比较陌生的。我们明白，在不同的数字领域，我们所呈现的面貌是不同的——在领英网站上我们表现得比较职业化，而在脸谱网上则更加随意。但这只是我们有意识地创造能看到的数据。而我们神秘而全面的数字身份则是由我们线上线下的行为所决定的，这些行为一直处于外界的追踪之下。而且，绝大多数从事这类数据追踪的机构都不愿意将其收集到的有关我们的生活信息与我们共享。

在这种情况下，他们会利用机器创造出各种算法，能够最大限度地分析并预测我们将来的行为。从某种意义上来说，能够获得我们的综合身份信息的机构，比我们更了解自己，这一点儿都不假。“爱德华·斯诺登事件”让我们看到了政府对我们日常生活的监视。虽然政府对我们监视追踪的问题确实不容忽视，但这不是本书考虑的重点。

为什么是“人工”智能

有人说，进步不可阻挡。但我们可以重新定义进步。

和多数人一样，我第一次接触到人工智能是在类似《终结者》的科幻电影中。机器人变得比我们更聪明，进而毁灭整个人类，这种想法很容易吸引人的眼球。但是，我发现像《少数派报告》这样的故事更加令人着迷，让人深感不安。电影中汤姆·克鲁斯扮演的角色是未来“预防犯罪”警察小组的领导，他们利用“先知”半机器人（可与机器同步，具有透视能力的人），找出意欲犯罪的人。与此相类似的是当前旨在预测我们购买意向的技术，它能够预测并控制我们最终的行为，推动互联网经济的发展。

这种追踪技术的邪恶一面跟商业活动本身并没有关系。个人数据的不透明才是最可怕的，这些数据是控制商业运转系统的核心。互联网和移动广告就是建立在监视的基础上的，通过追踪我们的行为，找出我们最可能的消费时间点。在这个模型中，我们被称为“消费者”，因为那就是我们要扮演的主要角色——购买商品，并给出将来的消费意向。尽管商家通过不断提供消费者真正需要的产品或服务，努力提升我们的生活，但购买进程绝不会因为我们的节制而作罢。通过追踪我们的行为，预测算法便可以对我们的行为进行分析，并生成刺激我们继续购买的信息。

这就是为什么说是“人工”智能——作为人类，我们为意义（purpose）而存在，不只是为了购买（purchase）。

如果仅从购买的角度来了解自己，所得出的人物形象必然是肤浅的。置身于以GDP（国内生产总值）作为主要价值衡量标准的社会，我们渐渐形成了“更高的生产力或利润才是人类幸福的关键”这种观点。如果真是这样的话，通过追踪并掌握购买行为来增强人们的幸福感，这种做法就非常有道理。如果购买某种产品或纯粹地花钱能让我们更幸福的话，我们应该会活得更轻松（如果我们有钱支撑这种假设的话）。但积极心理学已经证明，内在的幸福感或“心灵旺盛感”（flourishing）并没有因为金钱的富足而增强。虽然我们需要最基本的物质条件来获得安全感，但内在幸福感的增强有赖于通过心智觉知（正念）或奉献他人（利他）等行为表达自己的感激或做一些能为我们带来“心流”（flow）体验的事情。我们可以去健身房锻炼身体，同样，我们也可以不断重复能够增强幸福感的行为。这不是一个公式，而是一段旅程。

在这种背景下，人工智能所面临的挑战在于如何确定学习算法在哪些情况下能够改善人的生活，而不是为了增强人们的幸福感而省掉其自觉的努力。例如，我愿意在亚马逊网站上寻找某本书，从而就相当于放弃了在别处发现意外惊喜的可能，因为我知道我不会碰到一本恐怖小说。但是，脸谱网上推送的理应能增强我的幸福感的产品广告，则覆盖着一层令人惶恐的神秘感。我能看到这则广告，是因为我的哪些行为被追踪了吗？如果你对我的幸福感非常了解，为什么你不把这些信息给我呢？如果有人愿意分享这么珍贵而详细的信息，我一定非常乐意去买。但这种隐性的数据收集行为正是谷歌和脸谱网的广告业务所赖以生存的手段。但就我们的幸福而言，当这些公司不愿意透露关于我们生活中行为的信息时，我们如何精确地衡量哪种行为能增强我们的幸福感呢？

这是我们之所以称其为“人工”智能的另一原因——个人无法实时控制有关其身份的数据。互联网协议（IP）胜过了身份证明（ID）。

上述数据和身份的世界，或许很快就会把我们生活的大部分内容包括在内，这些内容都是通过我们所佩戴的设备泄露出去的。今天，我们还会把电脑关上，还会把手机放在一边，哪怕只是很短暂的一段时间，然后透过自己的双眼，体验真实的世界。一旦我们戴上时时刻刻可以泄露我们身份的隐形数据的眼镜或浏览器，我们便进入了恐怖的休克状态。在我所描述的施瓦玛医生的虚构情境中，我面临着是否将我的女儿与技术相结合的两难选择。现在看来，我们都已经被动地接受了个人数据的丢失，而这些数据则是算法、人工智能，以及当前的互联网经济的助推剂。当我们能够在由他人控制的虚拟世界看到自己的身份面貌时，再想收回自己已经放弃的权利，恐怕已经为时太晚了。我们到了应该停止依赖人工手段来增强自己真实的幸福感的时候了。

幸福经济学

直到三年前，我才意识到，经济学不仅和统计数据联系密切，更是一门哲学。对个人、群体或国家进行测量并赋值，需要首先就使用哪些度量指标达成一致，然后才能得出某种有关政策或福利的标准报告。

很难想象世界各国什么时候能够不再使用GDP作为衡量其国民幸福感的标准。根据GDP的逻辑，随着一国GDP的上升，该国人民的幸福感也相应增强。20世纪30年代，经济学家西蒙·库兹涅茨创造了GDP这个概念，并预测了其与幸福感的关系，但这种关系尚未得到证实。劳伦·戴维森曾于2014年11月在《每日电讯报》上刊文《为什么依赖GDP会毁灭全世界》，她指出，库兹涅茨曾警告说："一国的福利状况……几乎无法从GDP这种衡量全国收入的指标中推断出来。"然而，我们对此并没怎么在意，GDP也被当作一系列标准而得到采用，成为全世界人民一致认为有必要衡量的最重要的指标。

不幸的是，这些价值因素主要关注的是和收入、增长相关的指标，而忽视了幸福与社会公平等其他问题。这些价值因素大举进入了商界，企业利润和股东收益的增长反映并充当了GDP的内容，塑造了有关职工生产力与价值的价值理念。最后，这些价值因素渗入了我们的个人生活。我们被告知消费产品、促进经济增长是公民的义务，我们也相信拥有金钱与成功就可以获得幸福，但这个模式并未奏效。一国GDP的增长或许意味着要开挖该地区的石油资源，破坏环境。然而这样带来的短期利益反倒会影响长期的可持续发展能力。对个人来说同样如此，毫无目的地争取更高的薪水，也并不等于获得更多幸福。

就有关自动化和机器学习方面而言，企业主也在和最终的GDP目标做艰苦斗争。如果机器的工作能力一直超过我们人类，那么，使用机器替代人工就会相对更便宜。请注意，我并没有说“更好”——但是机器工作起来毫无怨言，无需保险，也无需休息。这样，当今笃信以GDP的增长为关注核心的机构，事实上是暗自欢迎机器普及带来的职业自动化趋势的。对任何机构而言，这个决策都是一次关乎道德、关乎伦理、关乎财务的选择，体现出其价值观的部分内容。我们想要由人组成的劳动力，还是由机器组成的劳动力？当机器一直继续学习并更加出色地完成我们交给它的任务，我们便能够以一种可续持发展的方式和机器并肩工作，这种想法现实吗？

就互联网经济而言，只要以GDP为核心的股东利润增长模式不变，谷歌、脸谱网等公司就会继续依赖以暗中数据追踪为基础的广告模式来创造营收。在这种情况下，人工智能的使用便非常合情合理，因为现在人们产生的个人数据比以往任何时候都要多。物联网中包含的所有物体，如智能温控器（为谷歌所有），将能追踪到越来越多的私密生活数据，直到我们再也无力控制自己的数据，无法掌握这些数据所基于的思想、情感与行为。

这里需要说明几点：我不是一名专业的经济学家。但多年来，我一直在宣传除GDP之外的其他度量标准的采用，例如国民幸福总值（GNH）和真实发展指数（GPI）。虽然这不足以让我成为一名经济学家，但在技术领域，我拥有大量的分析个人量化数据如何影响政策制定的经历，这使我具备一个非常独特的视角。我还采访了在技术、经济和积极心理学领域的数百位专家，意在找出揭穿骗局的潜在解决方案，打破当前人们对技术统治论和唯GDP

论的迷信。

从事技术写作的经历（我是Mashable网站和《卫报》的特约记者）还让我看到，我们要考虑采用能够跨越现实世界与虚拟世界的经济模型，采用能够真正增强人们幸福感的度量指标。虽然把经济动态纳入到MMORPG网游（大型多人在线角色扮演游戏）的考量中似乎看起来有些奇怪，但虚拟货币量和人们投入游戏的时长正呈指数级增长，对真实市场产生着巨大的影响，这就需要提出可行的解决方案。

当Oculus Rift这类设备变得无处不在的时候，当人们蒙上眼睛和耳朵，沉浸于虚拟世界的时候，或许就会有很多人选择永远地脱离这“有血有肉的世界”（meatspace，即“现实世界”，极客用语）。想象一下，如果GDP不主动包含这个虚拟王国的话，它将会因此受到多么大的冲击。如果一个人在游戏中找到一份工作，且薪水是以比特币的形式发放的话，那会是怎样的情况？如果他们人在俄亥俄州的都柏林，而游戏服务器却位于爱尔兰都柏林，那他们是该在美国纳税，还是在爱尔兰纳税——或是在两个地方都需要纳税？没错，既然Oculus Rift归脸谱网所有，那么我们便可以推测，扎克伯格会利用眼球追踪、面部表情以及压力、心率和脑电波感应技术，了解人们在某种游戏环境下的感受，从而为其客户提供实时的广告投放机会。那么，这种毫无悬念的盈利模式将会对经济学产生什么影响呢？更不用说它对我们的精神和心理的影响了。

有意选择的真实

本书的重心在于剥离我们在各种生活场景中已经接触到的人工

智能，并以能够真正地提升幸福的新的发展模式取而代之。它的设计初衷是为了帮助你了解情况，并就能够帮助你过上自省生活的技术和价值观念，有意识地做出选择。

我把这本书分成两篇："人工智能"和"真正的进步"。

"人工智能"篇讲述当前有关幸福的反乌托邦的发展轨迹。虽然人工智能具有其积极的方面，但如果在创造过程中不能很快地建立起透明性和道德标准的话，它将继续被反映GDP价值观念的技术统治理念所掌控。

"真正的进步"篇就我提出的几个有关人工智能的问题提出解决方案。这其中包括我举出的技术、伦理和经济方面的几个例子，尽可能地就所论及的问题给出实际解决方案。我希望通过赋予当今世界现存的发展模式和市场以透明性，从而能够享受奇妙的人工智能世界带给我们的好处，而不是被它吞没。

以下是本书各篇、各章节的具体内容介绍。为的是引起大家的兴趣，方便大家对本书所涉问题及解决办法有个具体的了解，而不会剧透。

上篇：人工智能

第 1 章　恐怖谷的短暂停留

机器人最让人害怕的一点，是它们看起来太像人了。还记得电影《极地特快》吗？尽管这部动画片在当时极为先进，但当其中一个卡通人物表现出颇像人类，但又不完全是人类的特点时，很多人都觉得有点儿不大舒服。在机器人学领域，这个概念被称为"恐怖谷理论”。尽管有些人因为这个词假设每个人在看到人形机器人或其他机器人时都会做出同样的反应而不怎么喜欢它，但对工程师们来说，这是广为接受的一个词。该词在如今的互联网追踪与广告领域也有所体现。我们都知道自己的个人数据正被人追踪着，我们只是不大确定是怎么被追踪的。为什么即使我们都没有孩子，我们还总是能看到那种纸尿裤的广告？为什么那个剃须刀广告“每天”都会出现在我的脸谱网推送中？尽管感知能力和奇点理论反映了人工智能的未来，但是决定其未来的算法基础现在就已经存在了，并且已经对我们的数字身份产生了深远影响。

第 2 章　当机器人接管世界

牛津大学于 2014 年开展的一项研究发现：“在未来的一二十年，从信贷员到出租车司机，再到房地产经纪人，美国如今现有的职位中几乎有一半将有可能实现自动化。”根据《每日电讯报》2014 年 11 月刊登的一篇文章来看，英国方面的统计数据也非常类似：“在将来的 20 年里，英国可能会有 1 000 万个工作岗位被电脑或机器人接管，超过 1/3 的工作角色被消灭。”在不远的将来，机器自动化对人类的就业和幸福将带来实实在在的威胁。尽管技术创新和人工智能可能会给人类带来很大的好处，但如果我们无法工作的话，这也会改变我们寻求生活意义的方式。除了追求生活的意义之外，身在一个在由机器推动的世界里，我们还需具备支付账单的能力。

第 3 章　智能是“成功”的欺骗

从某种意义上讲，人工智能专门诱导我们把某种不是真实存在的东西当成是真实的，这一点儿都不假。这种数字魔术被称为“拟人论”，在这种论调下，我们可能会忘了Siri（苹果公司产品的智能语音控制系统）只是一种数字助手，而开始把它当成一个人，和它开玩笑。虽然为老年人设计的机器人助手以及给孩子的菲比玩具可以给有需要的人带来很大的安慰，但这些设备应该被看作对人类伙伴关系的“补充”，而不是“替代品”。

第4章　人机合一神话下的机遇

人工智能推动着以广告为基础的算法的发展，对我们的幸福感造成了根本性的威胁。当对我们的追踪仅仅或者大部分只是为了确定我们的购买意向时，那么我们作为人的本性就丧失了。我们开始疑惑，为什么我们在脸谱网上敲击出某个词，随之就会弹出某种膳食补充剂的广告——难道某种算法觉得我胖？在社会学研究中，伦理标准是一直被遵守的准则，也就是说，研究对象对所研究的行为内容有充分的了解。这种指导标准应该在由互联网和物联网组成的经济中得到贯彻，从而避免产生仅仅反映我们的消费主义自我的数字二重身，否则，这是肯定不可避免的。

第5章　机器人还没有道德观

机器人没有道德观。它们只是一种物体，被灌输了程序员为达到特定目的而编写的代码。道德观对人工智能行业之所以如此重要，其中的一个主要原因在于当前产品规范化应用标准的缺失，尤其在设计生产层面更是如此。在过去的十年里，军事化人工智能取得了迅速发展并获得了数十亿美元的资金支持，对它来说，道德这个问题尤其重要。而对普通民众来说，自动驾驶汽车问题可能更能呼吁人工智能道德的产生。例如，当一辆汽车正驶入隧道时，前方突然跑出来一个孩子，那么汽车是否应该急转弯以保全孩子的生命，而全然不顾司机的性命呢？这个概念由加州理工大学伦理与新兴科学组织负责人帕特里克·林提出。你更愿意让谁来回答这个问题呢？是像帕特里克这样的伦理学专家，还是缺乏睡眠、竭力完成投资方指定任务的程序员？如今，我们正处于面临诸如此类的法律及其他问题的特殊时期，因为目前所有的成文法律都是针对人类的。机器人正改变着这些规则，相关政策也应该及时跟上，将影响力日益增强的机器人也考虑在内。

第 6 章　奇点已然可见

你根本不用坐视不理，就可以看到没有你的贡献，人类未来的发展也会照样进行。如果科学决定论未经允许便劝诱他人改变信仰，或者把文化观念带往危险的方向，那么它跟其他主要宗教也就没有多大的区别了。虽然我们无法阻止进步，但我们仍需要对以利润或增长为目的的创新提出质疑。我们渴望拥有一个能够充分认识到人类之所以伟大、之所以值得称颂的原因的未来，尽管人类并非那么完美，但这也不是反机械自动化的勒德主义。

下篇：真正的进步

第 7 章　让算法更加准确地了解我们

隐私并未死去，它只不过没有得到妥当的管理。尽管一个人对其身份的决策无关他人，但这并不意味着不能创造个人数据交换的架构，允许在个人愿意的情况下进行交易。不管是叫个人云数据、供应商关系管理（VRM），还是生活管理，当前已有几种方法可供选择，可以让人们以自己认为合适的方式保护或控制其数据。这可以让现已存在或即将出现的算法或人工智能项目更加准确地了解我们的个人数据。

第 8 章　人工智能的价值观

为达到真实，你必须能够清楚地说明自己的信仰，并能向自己证明在生活中遵守了自己的价值观。在将来，通过增强现实或虚拟现实，别人可以轻易地看到我们的数字行为。到那时，能够为自己的行为做出解释就会变得比以往更加重要。本章提出了一个可确定并追踪价值观的步骤指南，它建立在社会学和积极心理学领域众多知名专家的研究基础之上。该方法根据你最看重的东西，实现对你的生活的衡量。然后，你就可以看到哪些方面是你可能需要更多或更少关注的，从而实现生活的平衡。通过确定自己的价值观，并根据自己的信仰采取行动，你还能够发现帮助他人的机会，也能够提升你的自我幸福感。

第 9 章　人工智能的道德宣言

人工智能领域的道德问题比以往任何时候都更重要。该领域最近出现的宣言，尤其是未来生命研究所发布的“稳健有益的人工智能的优先研究项”，就提供了先例，让专家们更有动力把道德指导准则纳入人工智能及自动化机器研究的核心之中。但无论是学术界各领域间的隔阂，还是利润至上的企业的偏见，都不能阻挡人类价值观与机器核心相融合的进程。这是我们教会机器继任者是非对错的唯一机会。所以，我们需要理解并立马开始着手推进这一过程。

第10章　GAP——智能的未来

当你在英国乘坐地铁时，耳边会传来“Mind the Gap”（注意空隙）的友善提醒，以免掉进站台和列车之间的空隙。积极心理学表明，心怀感激、奉献他人与追寻意义能够增强我们内在的幸福感。和快乐相比，这种形式的“心灵旺盛感”所关注的不是心情，而是我们根据自身特性所采取的行动，正是这些特性定义了我们是谁。本章包括如何进行个人“GAP分析”的背景信息与练习，同时也探讨了为何在自动化不断取代人类工作的世界中，追寻意义对我们会变得至关重要。不管是否会有基本收入保障或其他经济形式的政府干预措施来帮助我们支付账单，对GAP的关注都可以让你有能力面对未来，因为你知道你可以每天帮助他人，并从中获得快乐。

第11章　经济学的进化

或许你曾听说过国民幸福总值，但你或许没有意识到这个词所关注的不是心情。相反，它是GDP经济指标之外测量国民幸福感的指标。在马里兰和佛蒙特等州，真实发展指数等这类新型度量指标已经得到采用，而且在确定国民幸福水平的过程中，还会把复式记账的重要宗旨考虑在内。从经济层面来讲，这意味着当石油泄漏对一国的GDP产生增长（清理过程可以创造就业）时，它会考虑对环境的影响等因素。当传感器、可穿戴设备和物联网更加密切地测量我们的情感和心理健康时，政府度量标准便不能仅仅依靠金钱的增加或经济的增长来推测我们的幸福感。在本章中，我还对“设计价值观”的概念进行了拓展，对前文提到的实用练习进行了扩展，关注如何将其融入由人工智能推动发展的数字及经济的未来。

第 12 章　当智能不再“人工”

还记得《选择自己的冒险路线》系列图书吗？在那套书中，你可以自己决定故事如何发展。同样，在第 12 章一开始，我就会给你对人工智能进行自主选择的机会。本章重申了我的观点：今天，我们需要将道德观念融入人工智能的设计之中，需要将价值观融入我们的生活之中。

从人工到真实

厌倦了人工智能带来的恐惧？
想知道你最珍视的是什么？
想了解积极心理学如何能提升幸福感？

在这里，我诚恳地邀请你自己解答这些问题。

HEARTIFICIAL
INTELLIGENCE

上篇
人工智能

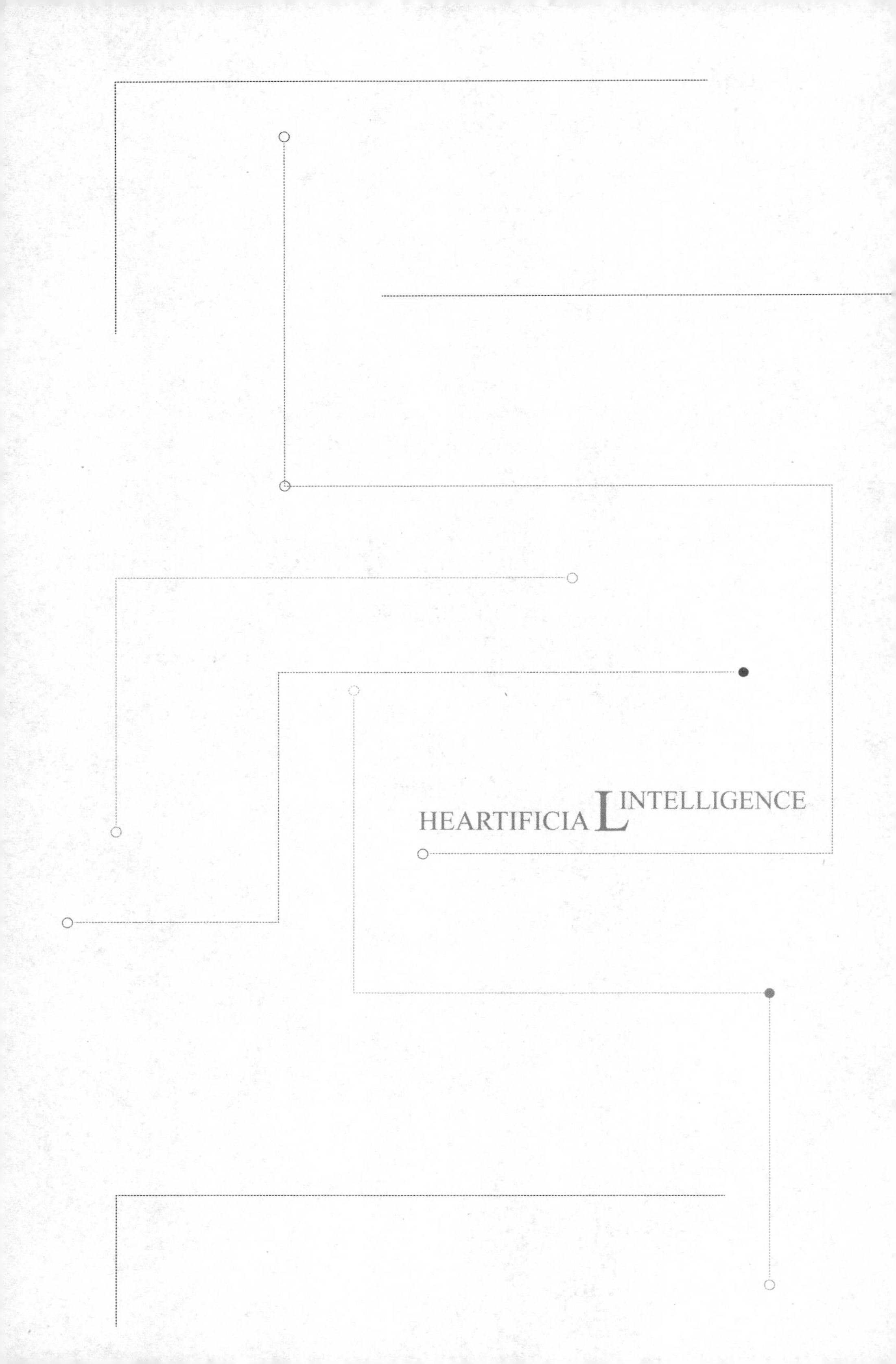
HEARTIFICIA L INTELLIGENCE

HEARTIFICIAL INTELLIGENCE

第 1 章　恐怖谷的短暂停留

2028年秋

“你想喝点儿什么吗，罗布？”我问道，其实我自己非常想来一杯烈酒。

“不用了，先生，谢谢。”

过去的16年里，这个场景在我的脑海中出现过无数次，我想每一位父亲都幻想过。我女儿梅拉妮的第一个约会对象——至少是第一个来我家里接她的家伙。罗布是一个懂礼貌、相貌英俊的小伙子，他体格健壮，有着淡棕色的皮肤和深邃的蓝眼睛。梅拉妮和她妈妈芭芭拉去楼上收拾东西准备出门。在我俩最初的谈话中，我发现罗布是一位非常有魅力的谈话高手。当我对他问的一些问题做出回应时，他看起来似乎真的很感兴趣，表现得幽默风趣而又不失礼。我能看出来梅拉妮为什么会喜欢他，这也是我一直努力克制自己不表现出反对的原因。

罗布是个机器人。

在罗布拜访的前一晚，梅拉妮才告诉我这个消息。芭芭拉和我一直在追问她有关这个神秘人物的信息，终于，梅拉妮说他要过来了。

哦，对了，他是个机器人。或者用她的话说，是“以肉体形式呈现的自动化智能”。

到2028年，人性化机器人在外形上已经达到了极其先进的水平。只有很少的假动作或特点能让人想起来它是个机器人，“恐怖谷”效应已经不复存在。在大约15年前开始的自动化浪潮中，公司高管们开始用机器人取代劳工，因为他们认为机器能从消费者身上获得独特的市场洞察。

起初，大多数公司机器人长得都很像《超能陆战队6》里十分可爱、圆滚滚的大白。随后，当人们习惯把机器人做成很像人的可爱形象时，开始有公司生产人形的品牌机器人，能够最大限度地契合附近社区消费者的人口统计学数据。在田纳西州的亨德森维尔，华夫饼餐厅的机器人店员长得很像著名歌手凯莉·安德伍德。在布鲁克林的星巴克店里，给人们端拿铁咖啡的帅哥酷似布鲁诺·马尔斯。几年的时间里，机器人设计得到了极大的提升，遍布各地的不再是只有几种版本的男女机器人。公司的算法能把机器人、人及其周围的相关物体联系起来，并预测某个消费者在公众场合想跟哪种界面打交道，然后在消费者的购买过程中，机器人便能呈现出跟消费者的预期别无二致的模样。

在波及范围广泛的自动化浪潮中，我有很多朋友都失去了工作。我也是通过强调自己是个“人类记者”，才勉强保住了作为技术作家的饭碗。刚开始这只是个笑话，但当人类记者开始被人工智能程序取代时，管理层觉得如果有一个人类记者的话，在进行技术方面的报道时，就能够保持客观，这是来自硅谷的机器人记者所不具备的。

直到现在，人们与机器人的直接接触大多停留在购物或像星巴克这样的服务场所的范围内。没错，多年来情色机器人一直保持着强劲的生命力。我有好几次出差的时候都发现，一些比较前卫的宾馆开始将机器人“服务”列入“成人服务”项目中。

但这个机器人却在和我女儿约会。这可是我的梅拉妮。我知道罗布在技术先进程度方面远远超过了苹果手机或智能冰箱，但在他面前，我还是忍不住会产生一种强烈的反感，尽管我非常努力地保持礼貌。我知道他身上装着面部识别和生理感应的追踪装置，能够识别出我的恐惧。我心跳加速、瞳孔扩大，罗布身上的技术能够轻而易举地把这些反应和紧张联系起来。但愿他没有把数据实时传送到他的博客或其他社交渠道上。我都能想到这样的推特标题：女友的父亲因我不是“人”而吓坏了#机器人——种族歧视。

“黑文斯先生。”罗布说道，打断了我的思绪。他的声音降了八度，响亮的男中音让我镇定下来。虽然我能肯定这是他身上的部分程序，但这还是发挥了作用。“我是个机器人，我觉得这让你感觉很奇怪。”

我点点头，听到楼上传来梅拉妮和芭芭拉的笑声。“是的，罗布，不好意思。我一直骄傲地以为自己很开放、能容忍，但我至今还在努力理解你们俩的关系。我觉得我还是有些思想守旧。”我停下来，清清嗓子，想着该说什么，“我想问你父母是否也是这样老派，但我猜你的创造者应该是某种先进的算法，或者是一群二十出头的程序员。”

“爸爸！”梅拉妮站在楼梯上，穿着低胸红色上衣和流行牛仔裤，非常漂亮。“真不敢相信你说了那些话。”她和芭芭拉一起走下楼梯，她拉住了罗布的手，“对不起，罗布。我早跟你说了，他肯定会吓坏的。”

罗布对梅拉妮笑了笑，然后转向我妻子，“你好，黑文斯太太，很高兴能见到你。”

“你好，罗布，”她答道，快速地和他握了握手，然后把两臂交叉在胸前，“很高兴见到你。”芭芭拉的表情就好像她刚刚活吞了一只大黄蜂。

梅拉妮看了看芭芭拉，“妈妈，你也吓坏了吗？你在楼上的时候都还挺好的呢。”

“嗯。是的，我想应该没事。”芭芭拉很不自然地对我笑笑，“或者说，我想我应该是高兴的。”我俩之前已经讨论过在见到罗布时该怎样表现。我俩很想表现出亲切的样子，但事实上这太难了。

“电脑该怎么称呼它的父亲呢？”罗布说道，想打破紧张的沉默，“顺便说下，这只是个笑话。”

梅拉妮转动了下眼睛。芭芭拉和我看着罗布，没有说话。

罗布笑着说道：“Data”（数据），故意发音很像dada（爸爸）。

我想起来这个笑话来自电影《她》，杰昆·菲尼克斯是其中的主演，便大笑起来。“我很爱看那部电影。但斯嘉丽·约翰逊演的人工智能机器人只不过存在于杰昆·菲尼克斯的大脑里。我是说，她的声音是真的，而且随着跟菲尼克斯相处的时间越来越长，她的算法也不断改进，但她并没有你这样的外形。”

“爸爸，”梅拉妮生气地涨红了脸，“你知道你说的是多么私人的话题吗？”

我真的不知道。“私人的？”我看了看罗布，“私人？这个词用到这里合适吗？我是在很认真地问你，我真的很想知道。”

梅拉妮紧紧抓住罗布的手，“你不用回答他的问题。”

“没事，这没什么，梅拉妮。别忘了，我是不会真的感到被冒犯的。如果你爸爸的声音中透露出一丝羞愧的话，这就意味着他是在开玩笑，故意假装不懂，那么我就会表现出被冒犯的特点。”他朝我盯着看，我能看出来他是在判断我的情绪。“但我没有看到羞愧。这对他来说是一次新体验，他有点儿害怕，这很正常。但他的声音有些忧郁，他问的问题也是出于一位父亲对孩子的保护欲。”他看了看梅拉妮，笑着说，“这是因为他的小女儿长大了。不能因为这个责怪他。”

我伸手去抓芭芭拉的手。我没有预料到罗布会说出这么深刻的话。尽管我知道他只是简单地报告对我的扫描数据，但这也太过准确了。的确，我刚刚虽然无意，但行为很冒犯，而罗布对此的反应却那么友善。尽管我知道他的反应是被人设计的，而且他的程序设定了恰当的反应时间，使用的是一种能够精准地激发我们的同情心的声音，但这毫不影响我对他的友善而产生的好感。

一想到我的梅拉妮渐渐长大，我感到有些哽咽，芭芭拉的眼睛也湿润了。不管是哪种计算程序让罗布识别出了身为父母的恐惧，我们都被深深地打动了。

而这让我越发害怕了。

反映我们数字身份的数据

2013 年，我参加过一次 TEDx 讨论会。会上我在演讲开始的时候引用了“我同步故我在”的话。这是根据现代哲学之父勒内·笛卡儿的名言进行改写的。他的原话是“我思故我在”（拉丁文是 Cogito, ergo sum），同行评议哲学网站——互联网哲学百科全书对它的定义如下：

> 不论我的思想正确与否，我在思考的事实本身就表明肯定有一个执行思考行为的主体，即“我”。由此可以推出“我存在”的命题，所以说，我们可以从某些绝对存在的真理信仰中推断出其他绝对真理。

我喜欢笛卡儿的这句格言，因为它非常简洁。尽管我的某些想法可能有些疯狂或偏激，但如果我拥有这些想法并能意识到有这些想法的话，那么我就是存在的。这在真实或物质世界中是讲得通的，因为在这里我们对自己的思想和身份具有能动作用。我说的“能动作用”就是控制的意思。或许你不喜欢我所表达的想法，而且如果这些话不幸对某人造成诽谤的话，我可能还会因此而锒铛入狱，但除非我被麻醉了或者死了，我的思想仍然归我自己所有。我创造了我自己的思想这一事实就是我存在的依据。

我用“同步”一词，指的是一种数据输入过程，这些数据和我们在互联网或其他数字或虚拟世界的身份相关。这还包括他人对该数据的反应，网站上进行轨迹追踪的Ccookie设置即是如此。大多数人谈到数据同步时，脑海里想的只是他们创造的脸谱网帖子、推特文章或者YouTube上的视频，但如今大部分和我们相关的信息记录过程都是在我们日常生活的大背景中完成的。

例如，在高速路上行车时，你会不会使用快易通（E-ZPass）或其他自动收费系统？当你从收费点驶过时，你的行车地点和时间数据都被记录了下来，而且还会通过你的信用卡支付通行费。再举个例子，你有没有惹恼过配备可穿戴情绪监测设备的同事？你的行为或许让他们颇有压力，那么如果你同事把数据拿给你老板看的话，你可能就会被炒鱿鱼。在2013年发表于《卫报》上的一篇文章中，我虚构了一个类似的场景，故事讲的是一名女职工通过追踪经理恃强凌弱的行为，并证明这种行为对其健康产生了不利影响，从而成功地让该经理被解雇。

但时至2014年11月，这种数据责任制就已经变成了现实。对此，凯特·克劳福德在发表于《大西洋月刊》上一篇题为“当活动智能设备成为专业证人”的文章中有所描述。以下引文是其文章的开头：

> 用可穿戴设备进行自我追踪真的非常令人神往。它可以督促你多多运动，让你反思自己睡得有多么多（或者少），且有助于长期监测你的心情规律。但当你使用可穿戴设备时，也会引起其他的变化，这种变化可能不会立马表现出来：你不再是自我数据的唯一来源了。日子一天天过去，你在无意识中创造的数据也被一点点地记录并保存下来。而如今，这些数据可能会在法庭上被当作对你不利的证据而使用。

可穿戴设备其实就和电脑或手机一样，只不过外形不同而已。如今，在我们买东西的商店，在我们的家用电器中，甚至可能在我们身体里的各种医疗装置上，随处可见这种设备传感器。事实上，你根本没有意识到自己有多么频繁地在进行数据同步，而这恰恰说明了该设备被动收集并悄悄传播信息的本质，这也是其设计的一个初衷。或许在将来的某一天，这些可穿戴设备可能会以私人机器人助手的形式出现，你和你的朋友可能都会有。

或者，还会出现跟你女儿约会的机器人。

回顾：

作为一个非数字实体，你思故你在。你的思想让你与众不同。

作为一个数字实体，你的身份同步与解读需要结合其他无数的行为主体进行。

我把我们生活周围的数据同步称为“人工”智能的一种，因为其设计初衷便是在我们的意识没有参与时对我们的生活进行追踪。以这种方式收集的数据常常都是错误的。我曾参加过一个会议，在一次关于数据代理的讨论中，参会的一位中年白人提到，他曾通过数据代理公司安客诚（Acxiom）获得了自己的个人信息。根据数据显示，他是千禧一代的黑人，现居州也跟其实际居住地不同。

这就是反映我们数字身份的数据的现状。

恐怖谷效应

2009年，迪士尼乐园对其具有代表性的总统馆进行了升级，把贝拉克·奥巴马也囊括其中。你可以在YouTube上看到奥巴马的电子动画演讲视频，该视频采用了真声录音。20世纪70年代，当我还是小孩时，我第一次在奥兰多参观了迪士尼乐园总统馆，亚伯拉罕·林肯的一举一动都显得笨拙而又虚假。而在如今的新一代作品中，迪士尼视频里的奥巴马机器人四肢灵活，从座椅上起身的乔治·华盛顿看起来也活灵活现，这些都让我印象深刻。但当机器人开始说话时，他们的嘴型和话语就对不上了，面部表情也看起来单调而恐怖。小的时候，我知道这些其实都是机器，经常一边嘲笑其僵硬虚假，一边又紧贴着我妈妈，生怕杰拉尔德·福特因为我不赞赏他在展览中的样子而刺瞎我的眼睛。

这种对缺乏完整人性的机器的恐惧和厌恶就是所谓的恐怖谷效应。这个词是1970年由东京工科大学工程学教授森政弘（Masahiro Mori）博士创造的。他还制作了一个著名的图表（出自维基百科）。该图描绘了人类的哪些外形特点能够增强人们对机器人的肯定，以及哪些特点可能会让机器人看起来过于逼真，从而引起人们的反感。

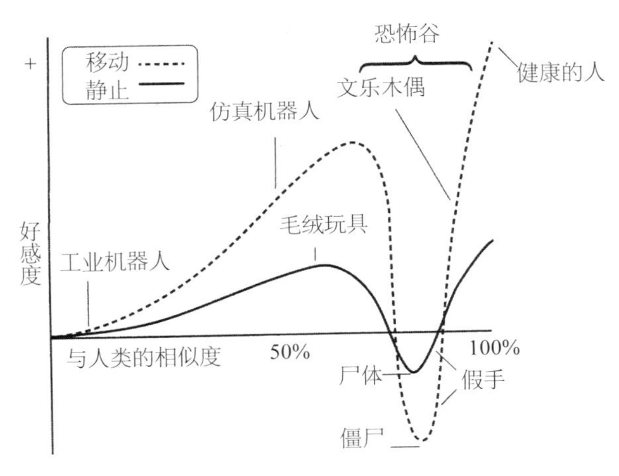

在观看木偶戏时，如果天才表演家能把木偶主角表现得栩栩如生的话，观众也可以感受到恐怖谷效应。当我们观看波士顿动力公司（曾被谷歌收购）设计的机械狗的视频，看到机械狗在山峦起伏的冰原间穿梭而永不落地时，我们也有这样的感受。机械狗没有头的外形令人心生不安，既然它可以看起来这么泰然自若，那也意味着它可以轻易地闯入你的家中，把你杀死在睡梦中。

以上这些玩笑话只能稍稍遮掩几分恐怖谷这个概念所隐含的那种恐惧，尤其在谈到机器人掌控我们的生活这个问题时，就更难掩盖了。

根据印第安纳大学的卡尔·F·麦克多曼教授的说法，我们在这些场景中所体验到的恐惧是对人类必死命运的“动物性暗示”，克里斯·韦勒在《医学日报》上也曾对此有过报道。作为人类，我们必然是要面临死亡的，而总统馆里的机器人只需要保养就可以一直存在。

对虚拟关系的严重依赖

在我有生之年，我们对技术的依赖大大增强，甚至到了我时不时会在互联网面前感到怅然若失的地步。我的家乡新泽西州曾受到超级风暴“桑迪”的重创，100 多人在这场灾难中丧生，超过 800 万户家庭断电。冬天最冷的时候，我家断了大半个星期的电，我们只得挤在移动取暖器周围，供电的发电机是从姐夫家借来的。风暴来袭时正值万圣节期间，所以整个城市把假期往后推迟了，孩子们可以在 11 月初玩万圣节“不给糖就捣蛋”的游戏。

那一晚过得跟做梦似的。一方面，风暴让人与人之间变得更加友善。在孩子们通过诉说自己在风暴中的遭遇，利用家里断电和受到的损失博得同情，以此来获得糖果的同时，我和很多家长也得以闲聊，互相交换到哪里去加油的信息，因为去当地的加油站都要等上好几个小时。

另一方面，那晚明显有一种恐慌的气氛。每隔四五条街便有一个发电机在工作，嗡嗡声不绝于耳，触手般的电源线从破碎的窗子里蜿蜒着伸出来，把这种恐慌气氛烘托得更加强烈。整个城区已经断电好几天了，没有发电机的人开始羡慕有发电机的人。发电机有起火的危险，所以必须得放在户外。我们那里发生了好几起发电机偷盗案件，所以我用车锁把我们的发电机锁在了栅栏上。杂货店里就跟《蝇王》里的情景一样，人们开始贮存瓶装水、罐装食品等必需食品。当图书馆恢复了通电，而城里大多数人家里都还没电时，人们一窝蜂地涌进去给自己的电脑、苹果手机和黑莓手机充电，这简直就跟沙漠中的水泉一样重要。而其中颇具讽刺意味的是，这个致力于公共教育的机构在没有发放一本书的情况下，满足了我们对信息的渴求。

这些场景之所以让我记忆深刻，是出于以下原因。第一，当时的情况非常令人不安。镇上我认识的每一个人家里都遭受了至少几百或几千美元的损失，而即便这样，我们还是其中的幸运儿。在泽西海岸，很多人在风暴中丧生，很多社区的人全都没了房子、店铺及生计。

第二，我发现，在危机时刻身为父母的人是多么容易就变得自私起来。尽管我们主动提出要为邻居提供一些帮助，例如用我们的发电机给他们的设备充电，但我感受到了一种异乎寻常的冲动，我想要保护妻子和孩子不受风暴及其余波的影响。虽然我外在的表现还是很文明优雅，但自私的冲动却占据了我大部分的内心活动。

此外，超级风暴“桑迪”也让镇上的很多人第一次意识到了环境危机。那一周，我们的谈话大多围绕着全球变暖或基础设施抵御灾害能力不足带来的危险等话题展开。在这场风暴中，曼哈顿地铁站遭遇洪水袭击，便是这种危险的例证。我们还清楚地看到，很多人都忘记了重要的电话号码，因为我们已经习惯了把号码记在手机通讯录里。我们对技术的依赖让我们忽略了这些关键信息。

但我是在图书馆的时候才强烈地感受到，我们对虚拟关系的依赖有多么严重。作为一个信息渠道，脸谱网在风暴中发挥了无可比拟的作用。短信成为快速更新加油站关门信息、向保险公司发送风暴损失照片等行动的最重要的手段。尽管在风暴期间，市民之间的亲密度有所提升，但我们花在网络社区进行与风暴相关的广播的时间，远远超过了我们实际帮助邻居所花的时间。我不太确定这些行为是否是某种应对机制，是否具有上瘾特质，或者只是一种新现状。尽管对技术的依赖不是一种新的行为，但在断电的黑暗中淋漓尽致地表现了出来。

接受人类终将与机器结合的事实

我不想成为一个生活在恐惧中的人。我非常有幸拥有一位很了不起的妻子和一个幸福的家庭，还有给我的生活带来意义的工作。我没什么好抱怨的。然而我总是能感受到很多人感受不到的情感，这让我成了一名演员和作家。我的工作就是观察人，然后把我所看到的东西忠实地表达出来。近来，当我开始观察技术方面的问题时，我感到更多的是忧虑，而不是高兴。作为一名技术作家，我比大多数人更了解先进机器的好处。但我对自己的人性情有独钟，而且我依然在努力跟宣扬人类终将被机器所代替的技术决定论做斗争。2014 年 4 月我曾在 Mashable 网站上发表过一篇文章，题目为“接受人类终将与机器结合的事实”，我在文中是这样描述的：

在对人工智能领域进行了如此多的研究之后，我仍然在十字路口徘徊。我为某些创新由衷地感到兴奋，但也习惯了把自

> 己的痛苦当作个人成长的关键。如今，算法变得如此先进，以至于人们可能再也没有时间形成自己最纯真的偏好，这是我难以接受的。这就好像我们已经到了某个阶段，即当我们审视自己时，却发现问题不只是我们不了解自己，而是我们无法了解自己。这依然会让我感到深深的失落，人性是我尚未准备好放弃的东西。

我们都必须认真对待自己的道德观。或者，至少应该尝试去认真对待，哪怕这只不过是让我们更好地去体验我们所剩不多的时间而已。为了做到这一点，我们需要把生活中的屏幕统统关掉，好好地思考一下我们到底是谁。

互联网广告的恐怖谷

> 森政弘的恐怖谷理论的实际意义和后续影响在他给机器人或其他相关产品设计者所提出的建议中有所体现。他提议，可接受度的第一个峰值是设计可追求的有效目标之一。在这里，可接受度数值相对较高，且与恐怖谷保持着相对安全的距离。对现实主义的追逐终将导致跌进恐怖谷的灾难性风险。

这段引文来自题为“寻找恐怖谷”的一篇文章，作者是格拉斯哥大学心理学系的弗兰克·E·波利克。这成了私下里从事人工智能开发工作的人们的格言。它并不只是为了避免发明出太像人的机器人而令人惊恐。它更多地是要人们在人工智能的工作中，最大限度地追求“可接受度的高数值”。

这和广告业中的个性化定位理念是同样的道理。通过利用网页浏览记录、邮件和手机追踪等手段，我们能看到的推送广告都是建立在多重算法对我们生活的分析的基础之上的。现在，我们大多数人都能理解这种逻辑关系：你给新出生的侄子买一次纸尿裤，然后在接下来的两周都会看到帮宝适的广告，尽管你自己的孩子早已经长大成人了。《石板》杂志专栏作家法尔哈德·曼约奥曾在文章“互联网广告的恐怖谷”中写道：“如今的网络广告对我们的了解不够充分，不能避免一直向你推送那些你永远也不会买的东西。但话说回来，他们确实对你了解得足够多，不管你做什么，都总有一种被监视的感觉。”

然而，意识到广告商在监视我们，这还只是一种暂时的状态。在爱德华·斯诺登的揭露下，数据隐私问题成了时代热门话题，也让我们的这种意识得到放大。虽然我们知道自己失去了对个人数据的控制力，但是我们依然缺乏尝试保护它的动力。如今，各公司利用我们的这种倦怠心理，让我们签订暗藏诡计的条款与条件，以达到其利用或出售我们个人数据的目的，这已经成为行业默认的规则。这种趋势愈演愈烈，甚至在不久前《华盛顿邮报》报道的一项实验中，有6名伦敦人通过同意一家虚构公司“条款与条件”中的“希律条款”（Herod clause），放弃了对其第一个孩子的永久所有权，以换取免费的Wi-Fi服务。

我们对揭露定义我们数字生活的算法缺乏热情，为此，我们是要付出代价的。很快，我们就不会因为收到无关的推送广告而感到恼怒了，而是会在广告看起来更加精准的时候而忍不住吃惊地多看两眼。目标定位将会变得细致入微，足以避免“跌进恐怖谷”的风险，而且我们也将失去能够意识到广告的最后时机。当人们开始公开与我们互动时，应用于电脑和手机设备中同样的技术也将在增强现实及虚拟世界中出现。正如摸清意图就会在情感上激发我们的购买行为，将来我们的意图和行为（比如在约会中）也会通过微软全息透镜或其他类似技术而被塑造。如果你想要直观感受一下这将是什么情形的话，你可以观看Vimeo视频网站上的短片《视线》。在该短片中，一名男子利用其约会对象的公开信息，并在她身上使用传感技术，试图骗她上床。该短片清晰地展现了未来基于操纵目的的目标定位非常可怕的面目。

正如我在引言部分提到的那样，人与机器尚不明朗的结合正决定着人类将来的幸福。广告恐怖谷效应是对我们未来幸福的最大威胁之一。从本质上来说，作为人类，我们并不是总能认识到哪些东西对我们的生活最有好处。我们可能做出糟糕的约会决定，或者选择一份让我们感到痛苦的工作。但是，我们能从自己的错误和行为中吸取教训，这让我们变得更成熟，也更好地定义了我们的幸福。正如积极心理学所表明的那样，具有持久影响作用的，并不是伴随愉悦快感（情绪正向峰值）而快速产生的多巴胺。内在幸福感是在具有挑战性行为的框架中累积形成的。正是通过这些挑战，我们才得以真正细致地了解自己的内心。

在数字行为中，人们还有自己不愿意承认的生活隐私。尽管我们可以通过社交媒体包装自己的数字身份，但搜索记录不会撒谎。如果一个人正忍受抑郁症的折磨，而最先对此做出反应的却是广告商的算法程序，这看起来是否妥当？对于抑郁症患者，我情愿他接触“学生生活”这样的应用程序[该程序是由达特茅斯大学的安德鲁·坎贝尔（Andrew Campbell）发明的]，也不愿他被广告盯上。该应用程序的算法设计宗旨是为了测量一个人的通话、短信、睡眠模式和谈话等信息。根据针对学生进行的一项选择性实验，该应用程序背后所使用的技术和在线精准定向广告颇为类似，但前者的设计目的是为了按照诊断结果治疗抑郁症，而不是促进药物的销售。

除非我们能控制有关自己生活的数据，否则我们就得承受提心吊胆的折磨。在一篇发表于《大西洋月刊》的题为“数据幽灵与个人化恐怖谷效应”的文章中，萨拉·M·沃森（Sara M. Watson）描述了她朋友同样的担忧，指出：“我一直都不太确定脸谱网的广告算法是否对我真的一无所知，又或者它对我的了解比我自己愿意承认的还要多。”

决定我们在虚拟世界幸福与否的经济学掌控在广告算法和数据代理商的手中。如果这种经济模式不被推翻，我们就必须承认它比我们更了解我们自己。

自然与人工的界限

> 我们现在正处于人类身份的定义方法不断变化的过程之中。自然与人工之间的区分不再那么明显。人类的生活正在不断超越自然世界。

科林·马尔雄是纽约大学艺术学院电影电视制作专业的一名学生。当他为了自己的纪录片《我们的技术身份危机》而主动采访我的时候，我才开始对他的研究有所了解。在我为Mashable网站撰文时，我曾对他进行过采访，前面的引文就出自那篇文章。从我们的对话中，我学到了很多，特别是他让我认识到对他这个年纪（25岁）的人来说，人与技术完全结合的想法并不陌生，因为他们就是在互联网中长大的。科林从 7 岁就开始在聊天室聊天，和别人建立起虚拟关系，就跟今天我们在脸谱网上进行的活动差不多。

寻找虚拟亲密关系的想法促使科林开始对日本出现的一种流行趋势进行研究。对此，他在我们的采访中也有谈到。目前，日本有很多年轻男子在“爱相随”（LovePlus）等流行电子游戏中结交了数字女友。以下为科林在采访中对该趋势的解释：

> 情侣关系真的跟参与对象没有太大关系，重要的是情侣关系本身在我们自己身上所产生的影响。这些男子把游戏人物当成女友。她们存在于电脑中这一事实并没什么要紧的——重要的是，她能让他感到快乐，而她本人是生物体还是技术就不那么重要了。他已经获得了他想从情侣关系中获得的东西。

人们很容易对这些男子妄加评论，并为他们找不到“真正的”女友而感到难过。但正如科林指出的，如果他们在这种关系中能获得真正的快乐，即便我们觉得其行为值得惋惜，我们又能给他们指出什么出路呢？夺走他们的设备？删掉他们的女友？要知道，自美国最高法院宣布“企业也是人”开始，在今后多年里，我们将一步步地进入面临伦理、经济和法律挑战的时代。例如，如果一个人想要和电子游戏中的人物结婚，并为其虚拟配偶索要合法身份地位时，我们凭什么阻止他呢？

这已有先例可循。2009 年，日本一位年轻男子娶了“爱相随”里的女友，举行了史无前例的“人和电子游戏的婚礼”。尽管“BoingBoing”（一个综合博客网站）记者对故事的报道更多地把它当成一种表演艺术，而不是真事，但我们却很难说这个婚礼是假的。观看视频的话，很难看出来新郎是否严肃对待这场婚礼。但有一点是毋庸置疑的，即他和他的朋友为这场人与机器的婚礼投入了大量的精力。这名记者还写道，在举行婚礼前，新郎特意与其他所有虚拟女友分手，只保留了未婚妻。如果这是真的的话，那这真可谓是跨越真实与虚拟世界的耐人寻味的道德演化的明证。如果一个人对他的虚拟配偶“不忠”的话，会有什么要紧吗？如果新郎真的出轨的话，他的这些行为会对其在电子游戏或现实生活中的声誉产生什么影响？

在我的上一本书《入侵未来》中，我对“基于责任的影响力”进行了论述，我最早对这一概念进行研究是在2011年为Mashable网站撰写的“为何社会责任会成为网络新货币”一文中。我想测量一下我们在数字或虚拟世界留下的行为踪迹会在多大程度上反映出我们的整体身份和人格。像亿贝（eBay）这样的公司都很推崇卖家评分的做法，即让从陌生卖家那里买东西的人对其客户体验进行打分。评分依据为卖家对自己责任履行的表现。他们的发货速度快吗？货品状况是否和卖家承诺的一致？在一个社区群体里，信任的界限更加明晰，而卖家的输赢则取决于买家对他的评价。

这种评分机制被许多属于“共享经济”行业领域的公司所采纳。空中食宿（Airbnb）公司便是其中最有名的例子。这家公司可让人们放心地把房子租给旅行者。租客租住私人房间或房屋，而不是住旅馆，然后根据自身体验进行评分。尽管众口不一，空中食宿还是为租客制定了一套评分指南。正如其网站上标注的那样，该指南注重“自由言论、公开透明和清楚沟通”的原则。它要求评分者实事求是，提供“能帮助社区更好决策，且对相关房东或租客有教育意义”的建设性信息。意思是说，空中食宿社区是在促使每个人承担责任。房子或许非常不错，而且位于一座非常美丽的城市，但如果房东对租客不好的话，其行为就会在评分中有所体现。同样，备受欢迎与争议的优步（Uber）租车服务公司也让司机对乘客进行评分，从而让司机们有权决定是否接送得到过差评的粗鲁的、不守规矩的乘客。

这就是“基于责任的影响力”的核心概念。在信任社区里，我们的行为反映了我们的人格。尽管我们可以在推特等社交网站上对自己进行包装，但人们会对我们的行为产生何种反应不仅仅取决于我们所说的话。这种责任给我们提供了一面透明的镜子，可让我们重复某些行为，或改变我们觉得不能反应真实自我的一些行为。正是各种各样的信任框架所具有的透明度使我们拥有成长的空间。正是这些与我们的行为相关的细节信息为我们提供了有深度的洞察，使我们能够增强自己的幸福感。

每一次同步都是一次沉沦

恐怖谷效应给我们提供了一个独一无二的机会，让我们对自己必然死亡的命运以及与技术的关系进行深刻反思。上文有关罗布的故事片段已对此有所涉及，但我仍然在思索人们是否会愿意和长相跟名人一样的机器人约会。如果很多人都和酷似同一个名人的机器人约会的话，会不会很奇怪？对于曾当过演员的我来说，我也想知道这些名人会不会因此得到额外的酬金，即因其相貌被用于商业用途而获得报酬。如果真可以的话，那丹泽尔·华盛顿可就要发大财了。

另外，我也想知道我的子孙该如何应对充斥着算法与机器人的约会大环境。诸如eHarmony（美国一家大型婚恋网站）等的社交网站已然极度流行，而且它们对大数据的利用程度比许多技术公司还要高。浪漫已经成为某种方程式了吗？还要多久人们就会跳过媒人牵线搭桥的过程，而选择直接把某种个性化算法植入或风度翩翩、或美丽动人的机器人框架中呢？

这些都是我们作为个人需要面对的问题。但在广告恐怖谷效应方面，我们需要立场一致，呼吁个人数字身份的透明。不管我们选择哪条道路，做决策的时机都是转瞬即逝的。算法的发展速度异常迅猛，广告恐怖谷效应很快就会消失。届时，我们的思想便不再属于我们，我们的意图也要由他人定义。每一次同步，都意味着一次沦陷。

本章主要观点总结如下：

我们的幸福感正在由我们被追踪的方式决定。面对这个问题，我们有两种选择：

- 继续利用现今充满侵略性的秘密监控模式。算法和数据代理商对我们的了解比我们自己还要多。对我们的快乐或幸福的衡量，仅仅局限于我们线上线下的购买行为。
- 创造一个以信任环境为特点的新模型，在这种环境下，所有的交易方都要为自己的行为负责。每个人都有接触个人数据的透明权利，每个人都有权对其幸福进行反思。在这样的环境下，商业发展蒸蒸日上。

广告恐怖谷效应不会持续很久。随着优先算法的不断改进，如果我们继续沿着当前道路前行的话，我们终将看不到公司对我们生活追踪的痕迹。就如同我们已经放弃了对个人数据的控制一样，我们也将失去理解别人如何操纵并影响我们的幸福的逻辑能力。

基于责任的影响力将能提供技术上的透明。不论我们喜欢与否，我们被追踪的行为都会以我们从未体验过的方式，传送到我们生活中的其他人那里。这种暴露会激励个人更好地控制个人数据，同时也让人们有机会在技术的血雨腥风中更深刻地进行自我反省。

HEARTIFICIA LINTELLIGENCE

HEARTIFICIAL INTELLIGENCE

第 2 章　当机器人接管世界

2021 年春

“目前阅读量 5 万。你最新的帖子表现如何，老兄？”

我揉了揉眼睛，“大约 2 000，长毛。”

在过去的几年里，人们围绕着机器人取代人类工作的话题进行了很多讨论。作为TechKnowledge的一名记者，我们不可避免地要对各种形式的人工智能进行试验，然后根据自己的体验为用户提供深度报道。“长毛”便是 2015 年年初进行的试验对象之一，他表现非常出色，所以管理层一直把他留在身边，从而根据他写的文章及文章反馈对其算法进行升级。起初，我们用他对奥斯汀的“西南偏南”（SXSW）一类的技术大会进行现场报道。这是对芝加哥一家名叫叙述科学（Narrative Science，自动写作技术公司）的公司的效仿，该公司因为将其技术用于体育赛事报道而名声大噪。你以为机器写文章不如人类记者？请看下面美国体育电视网（Big Ten Network）机器人写的新闻简讯：

周四的坎普兰德尔体育场内，威斯康星义无反顾地早早发力，以 51 : 17 的比分领先内华达大学拉斯韦加斯分校。

在第一场四分之一决赛中，威斯康星獾队一举斩获 20 分，其中拉塞尔·威尔逊献出达阵传球，蒙提·鲍尔持球触地得分，詹姆斯·怀特持球触地得分。

威斯康星攻势凶猛，叛逆者队防守无力。在本次比赛中，獾队总计取得 499 码，包括 258 码传球距离和 251 码持球推进。

鲍尔持球 63 码，为獾队赢取三次触地得分。他还两次接球取得 67 码并完成一次达阵。

这虽然算不上非常吸引人的文章，却基本完成了对一项赛事事实的报道，而这可能是人类记者永远没有精力报道的。通过这种硅谷式新闻报道，读者获得了以往从未得到过的资讯。当我第一眼看到这篇简讯时，“义无反顾”“攻势凶猛”等词就吸引了我的眼球。这些词通俗易懂，让这段文章看起来颇具人情味。

起初，人工智能程序难以识别讽刺等修辞手法，这曾让人类作家一度感到十分欣慰。机器人程序编造的笑话通常十分荒谬或者蹩脚，例如“我喜欢刺激，就像我喜欢坐飞机一样——便宜”，等等。然而，对于人工智能的这种表面上的缺陷，我并未感到一丝欣慰。一方面，很多人类喜剧演员也说了很多年的蹩脚笑话；另一方面，推特或其他网站上被频繁转载的真材实料的严肃文章也可以被人工智能程序识别并归类为玩笑。

这也是“长毛”所经历的事情。我们曾为他开了一个推特测试账号，在 6 个月的时间里，他不断对自己的笑话进行反复推敲，然后我们才为他开通了现在的账号 @gigglepussy。根据城市词典（美国在线俚语词典）的解释，该词描绘了一个女人对自己约会对象的兴奋心情。“长毛”接受了这个名字，但他还以为这跟好玩的猫咪视频有什么关系呢，所以用错了这个词，结果成了网上的一大趣谈。他的程序开发者开发出了一种算法，可让他搜寻最有可能大受欢迎的猫咪视频影片。借助这种搜索优化，“长毛”获得了极大成功，成了最受公众欢迎的一大“网红”。而他的帖子和文章则引来了大量的关注和广告收入，所以猫咪视频便保留了下来。在广告驱动的互联网经济中，眼球说了算。

能够保住工作，我实属幸运。在我前段时间发表的有关人工智能的文章中，我把自己的履历改成了“约翰·C·黑文斯，人类记者”。这个自嘲的履历给我带来的评论数比我此前任何一篇帖子得到过的都多。我的老板维多利亚是一位有着成功的公关经验、善于预测传播效果的女性，她让我把履历以后就这样改了。成为一名“人类记者”不再是一种嘲讽，而是反映了我在这家机构的新身份。这对我来说是绝好的消息，因为要找到不被算法这样或那样影响的报道几乎是不可能的。除非机器人统治世界，并把消耗资源的人类铲除干净，否则我写的人类评论文章就能让我养家糊口，并给予我们新闻工作者一丝气节。

“长毛”的话筒发出一阵尖锐的口哨声，打断了我的思路。“你的文章竟有2 000条评论！这里面只有四五百条是你自己写的，对吧，老兄？”一个预先录制的女声这样说道，“哦，漂亮！”随后传来一阵喜剧俱乐部里才有的笑声。我咬牙切齿地强忍住骂他的冲动，因为他的声音传感器会录下我说的话。我曾一千遍一万遍地希望自己能把他的音量调低点儿，或者在临近他的硬盘驱动器的地方玩磁铁，这再好不过了。管理层觉得让他坐在桌子前会很有趣。在经过一整夜的编码之后，程序员用记号笔在话筒上为他画上了眼睛，又有人在硬盘驱动器上画上了胡须。所以他就被赋予了男性的声音，以及“长毛”这个奇葩的名字。名字写在了一张沾了咖啡污渍的便笺纸上，然后被贴在了其中的一个话筒上。

我的手机里响起了雷蒙斯乐队《我想安静》的旋律。我伸手去接电话，这时，“长毛”说：“是芭芭拉吗？能不能开免提？”

我叹了口气，“好吧。”如果“长毛”是个男人的话，我肯定会嫉妒他的，他和芭芭拉总是有话聊。我打开免提，听到马路上汽车行驶的噪声传了过来，“嗨，亲爱的。”

“GP在吗？”芭芭拉问道。工作之外，所有人都叫长毛“GP”，是“gigglepussy”的流行简称。

“我在呢，芭布丝（芭芭拉的昵称）。”长毛的声音低了八度，听起来就像巴里·怀特，这是他调情算法的一部分，“一切都还好吧？”

“哈！”芭芭拉大叫道，“我很好，GP，谢谢你关心。对了，我非常喜欢你最新的帖子。那只猫是真的骑着两台扫地机器人，还是假的？”

“哦，那是真的，”长毛说道，声音切换到正常音高，“虽然我是用算法来确定哪个视频会得到最多评论，但我肯定会检查有没有伪造的痕迹，以免发成假帖子。”每当他这样热情洋溢地进行描述时，他的声音听起来就很像《霹雳游侠》里会说话的基特汽车。“你好吗，自拍？”

“自拍”（Selfie）是芭芭拉自动驾驶汽车上的人工智能程序。和大多数中年人一样，我和芭芭拉已经从起初学习使用GPS（全球定位系统），变得开始依赖它了。除了那次去米兰参加讲座之外，我自己都已经有十多年没有碰过纸质地图了，当时我真的是彻底地迷路了。如今，我和芭芭拉都给汽车装上了人工智能程序，因为汽车就像是增强版的Siri助手，还是我们的便携式起居室和娱乐中心。

在谷歌第一代自动驾驶汽车大获成功之后，谷歌第二代自动驾驶汽车（自拍就是这款车，这是芭芭拉给它起的绰号）已越来越普及。如今，亚马逊公司几乎已经名存实亡。这并没有什么好奇怪的，亚马逊的利润向来微薄，而当谷歌将其汽车和无人机产品直接与人们的搜索连接起来时，亚马逊根本无力追赶。现在，当搜索一件产品之后，人们会在当天收到一封邮件，告知他们“建议无人机”（suggestion drone）已经把该产品带到了家门口。谷歌大力提升了其供应链和街景地图算法，甚至能够在你还没决定是否要买的时候就把东西带到你家。我在工作时看到的最新数据表明，这种新型的“预售”模式在不到一年的时间里，就把谷歌的零售收入提高了38%。这简直就是零售大王萨姆·沃尔顿版的《少数派报告》。

“我很好，GP。”芭芭拉把自拍的声音设定得很像奥普拉，这个特色功能需要每年支付一定的版税。芭芭拉用她的个人数据来支付这笔费用。如今，就跟你上网时会有网站追踪Ccookie数据一样，你开车时的一举一动也都在周围世界的追踪之中。自动驾驶汽车上安装着传感器，用来监测车外的世界以及车内的乘客。所以，当车里的天气传感器监测到暴风雨即将来临时，增强现实挡风玻璃上就会出现天气数据，同时也会对行车路线进行实时调整。扶手上的生物识别传感器可以测量心跳和压力水平，而面部识别和眼球、声音跟踪设备会把你的情绪反应与外部刺激因素联系起来。在这些情况下，自拍会播放经典音乐，并给车内的空气添加一丝香草味，因为它知道这个香味能让芭芭拉感到非常舒服。

每次行车过程中，自拍都会挖掘我们的个人信息，根据广告商和数据代理商的算法进行剖析，并影响我们的生活。作为一家依赖广告而生的在线出版物的一名记者，我很清楚这其中的门道，并告诉芭芭拉我们可能需要丢掉一些传感器。但她会无奈地耸耸肩，说道："我喜欢自拍依据这些数据来无微不至地照顾我。而且，这还可以省钱，反正隐私在很多年前就没了。"

我清了清嗓子，在自拍继续说话之前说道："亲爱的，你今天看了我的帖子没有？"在听了两个人工智能程序响亮的声音之后，我的声音听起来似乎有些令人烦躁。她停顿了一会儿，车子加速时，我听到一阵低沉的嗡嗡声。在新泽西，现在大部分汽车都是自动驾驶汽车，很少能听到喇叭声。这让我吃了一惊。

"对不起，约翰，我没看。是关于谷歌房子的吗？"

"是的，"我答道，清醒地知道自拍正在收集我们的对话资料，因为她是谷歌生产的。我知道她不是人，但这感觉就像我即将要说她父母坏话似的。

"我猜谷歌不会是又做了什么错事吧？"芭芭拉问道，声音里透出一丝冷漠。

"哦，你知道Nest公司，对吧？"我回应道，"就是那个靠开发智能温控器发家的公司，他们允许顾客自愿与谷歌应用程序共享数据。"

"那又怎样？"芭芭拉因为自拍的缘故而向来有意维护有关谷歌的所有东西，而这一直让我很恼火。

"没什么，只不过当人们去别人家里时，即便这家人不使用谷歌产品，这个人的数据也可以被追踪。所以说，如果一位女士去一个朋友家里，她可能会被识别出来怀孕了。"

"如果她肚子开始隆起的话，我也能。"

"但关键在于，"我说道，"如果她带着某种热敏可穿戴设备，即便在怀孕初期，Nest的传感器也能够识别出来。”

“哦，如果她戴着热敏设备，那么她可能不会介意共享这类信息。另外，谁不用谷歌产品啊？”

我叹了口气，故意换了个话题，问道：“那你今天可以去车站接我吗？”我们住在新泽西州的梅普尔伍德，是曼哈顿的一个近郊住宅区，但感觉更像是另一个镇，而不是郊区。如果在路上随便拦下一个人，有75%的可能性他或她会听国家公共电台，并在全食超市买东西。

“我不能，”芭芭拉说道，“能不能别给我开免提？晚点儿跟你聊，GP！”

“拜拜，芭布丝！”长毛回应道。芭芭拉能在想起来长毛是硅谷产品之前要求我一心一意地打电话，我感到心里一阵满足感油然而生。虽然你是一个人，但这并不意味着人们会选择你来陪伴而不是机器，而我忘了这一点。

我戴上耳机。“怎么了？”我问道。

芭芭拉说道：“自拍，能不能把录音和生物识别传感器先关掉一会儿？我们得谈谈梅拉妮的医疗问题。”

“没问题，”自拍回答说，“以后聊。”她用奥普拉焦糖般甜美的声音补充道。我清楚地听到仿佛苹果电脑启动的声音，表明汽车目前处于纯驾驶模式。芭芭拉很少把系统关掉，但我曾坚持让她在讨论梅拉妮的问题时把它关掉，以免在有关她手术决策的方面受到任何自动化的干扰。

“约翰，已经两周了。我很尊重你还在思考要不要给梅拉妮装芯片，但我们得行动起来了。我之所以不能去接你，是因为我要带梅拉妮去见她的辅导员，讨论一下她的帕金森病。我们得告诉校方，然后才能想出照顾她的办法。”

“我同意告诉他们梅拉妮得了帕金森病，但这并不意味着我们得告诉他们可能会安装芯片的事情，对吧？如果我们还不知道是否会这样，为什么要告诉学校呢？”

“我们到底还能有什么可做的，约翰？”芭芭拉几乎是在喊叫。

我不用什么人工智能程序就能知道她生气了。“我不知道！”我说道，看见我老板正朝我这里看。我放低声音，“但我还有两个多星期的时间，来决定往我女儿头颅里装个硬件是否有意义，好吗？”

“不，不好，约翰。施瓦玛医生跟我们说了，不管是传统治疗还是药物治疗，都只能减缓梅拉妮心智衰弱的过程而已。这意味着她只有一年或者两年的正常童年生活，这还仅仅是在药物不会让她昏迷或情绪不稳定的前提下。”她停顿了一下，喘了口气，“对吗，约翰？施瓦玛医生不是这样说的吗？”

“是的，”我痛苦地答道，“她是这样说的。”芭芭拉说的对。在过去的两周里，我们俩都做了很多调查，考虑过其他办法及其成本。根据迈克尔·J·福克斯基金会等机构的说法，把芯片和可穿戴设备数据结合在一起，梅拉妮在使用的时候不会感到不自然。这种技术已经渐渐成为帕金森病患者的标准治疗方法。施瓦玛医生和芭芭拉都觉得梅拉妮可以很快地适应这项技术。在这方面，她和她这个年纪的孩子一样。我们还没有给她手机，但她使用我的苹果手机程序比我还熟练，而且在玩“我的世界”游戏时，她已经开始使用基本编码了。我猜，她有时候可能还会夸耀自己有个芯片呢。

芭芭拉的声音打断了我的思绪。“难道这又和什么超人有关？”芭芭拉问道，“约翰，我不是个怪人。我不是说人们应该把自己的眼睛挖掉，装上GoPro相机，或者连接到谷歌主机上，等等。我跟你一起看了《太空堡垒卡拉狄加》，记得吗？我们对这个讨论了很多。人类发生的这些纯粹是进化。而像梅拉妮这样的情况，我们有两个选择：享受这种进化带来的好处，使用这个技术，或者眼睁睁看着她因为过去的失败而遭受折磨。”

我的喉咙有些紧，极力克制自己不哭出来。关于梅拉妮的事情，我还没有告诉任何一位同事。“芭芭拉，我不想让她受折磨。”

她的声音柔和起来：“我知道你不想，约翰。你是个好爸爸，而这就是我们必须要装这个芯片的原因。我们没有别的选择。”

“芭芭拉，求你了，我只是还需要一点儿时间。”

“梅拉妮没有时间了，”她答道，声音再度尖锐起来，“我们每等一天，每等一会儿，她的大脑就会病得更重。细胞会死。这个病不是在不久的将来才来到，约翰。它现在就在这儿。”

我知道她说的都是真的，但她的话是如此残酷。虽然她说得很有道理，但这更加让我觉得自己像个傻子。

“约翰，”她继续说，“明天下午之前，如果你能想出不装芯片的其他办法的话，我会尽力撇开偏见，听你说。”

“不然呢？”我说，“你听起来像是在威胁我。梅拉妮是你女儿，也是我女儿。芭芭拉，不管你喜不喜欢我的想法，对于决定要对她做什么，我都有发言权。”

“不，”她愤怒地答道，“不，你没有发言权，约翰。如果你的决定最终会杀死她的话，那你没有发言权。”

她挂断了电话。我坐在那里，吃惊得说不出话来。

“10万阅读量，老兄，”长毛说道，他那电脑处理过的声音让我恢复了意识，“人们喜欢‘骑扫地机器人的猫咪’！GP万岁！”

自动化的深远影响

> 对于这样一个大规模地把工作外包给低收入国家的经济体制，难道我们真的相信它不会抓住机会，用每小时运行成本仅为4美元、永远不会有异议、没有工会，也永远不会生病或不高兴的机器人，替代成本高昂的白领职工吗？
>
> ——约翰·诺顿，“不是开玩笑——机器人这次真的要接管世界了”

尽管很多人都认识到了自动化给人类的工作与生活带来了深远的影响，但我在这方面的研究却让我发现了一个普遍存在的现象：最强烈地感觉到自动化趋势会给人类带来积极影响的，正是那些从事着或许不可被机器替代的工作的人。迄今为止，我还没有看到过一篇采访说到一个货车司机因为工作被自动化汽车代替，自己也因此有了追求新的兴趣爱好的机会，而对这种技术革新感到激动万分的。

当我在20世纪90年代开始在纽约市当演员时，我做了很多临时性的办公室工作，因为我受不了给别人当服务员。我的打字速度超过每分钟90个词，而且善于与人相处，所以我做了很多行政、接电话的工作以求谋生。在许多工作中，我跟老板成了好朋友，还会参加办公室生日派对，甚至还会领到假期津贴。而在其他情况下，经理们几乎从来不会跟我说话。通常在一周的工作中，他们只会在刚开始时花上5分钟，教我该把哪些数据插入Excel工作表中，然后就再也没有跟我讲过话。还有一个老板甚至从来没有叫过我的名字，只叫我临时工。当时我还觉得挺酷的。

但是，在所有这些工作角色中，因为是临时工的关系，有一点是极其明确的：我的存在只是暂时的。有时我是代替休产假的行政助理，有时是因为某个全职岗位被取消了，而我则是帮忙应付一下工作流程，然后等他们人手上能够忙得过来时便走人。我知道，只有在某人或者某事上发生了一些变故，他们能更好地打点出资金来支付我的工资时，我才有工作做。这种关系有时很难维持，但它是透明的。

在这个对盈利能力的需求不断增强的消费主义社会，自动化的存在完全有道理。我们不能反对通过增加产量来节约成本的逻辑。但自动化技术的指数型增长则意味着，在未来30年到50年里，我们因此丧失的工作将比创造的工作要多。

我们关于自动化的讨论大多忽略了人们的经济福祉和幸福感。而这些都是很关键的事实真相。人们将要等待更长的时间才能找到工作，在这个过程中，我们要因为债务和自尊的丧失而挣扎。1929年，伴随华尔街股灾的经济大萧条不只是经济的衰退，它还包括多数美国人在那个年代所感受到的绝望。

大萧条时期人们因为失业而感受到的身体、情感及精神上的压力，在未来自动化的浪潮中也将会感受到。2013年，牛津大学的一份研究报告表明，“在未来的一二十年，从信贷员到出租车司机，再到房地产经纪人，美国如今现有的职位中几乎有一半将有可能实现自动化”。根据《每日电讯报》2014年11月刊登的一篇文章，英国方面的统计数据也非常类似：“在未来的20年里，英国可能会有1 000万个工作岗位被电脑或机器人接管，超过1/3的工作角色被消灭。”

这种程度的岗位替代现象所带来的经济后果是非常巨大的。一方面，在由消费者驱动的市场中，失去工作的人将无力购买产品和服务，国内生产总值因此也就无法产生。尽管某些经济部门或个人会因为自动化得益，但规模经济将会遭受巨大的损失。这就是为什么说对自动化的讨论不能一味轻率地强调对未来的预测，而应提出现实的解决办法。

我们还应该摒弃有关人工智能和自动化的极端看法。一方面，是对自动化持消极观点的人（我承认我就属于这一类），或者用科技媒体行业的流行语来说，是相信“暗淡与无望”（doom and gloom）的一类。由于对不可避免的人工智能提出质疑，我可能会被归为试图阻碍创新的无知勒德分子那一类。这是为了降低对更广泛意义上的人类及经济幸福的损害，而采取的一种无聊而又危险的策略。但从另一方面的观点来看，关于何时或者是否应该停止人工智能引领的自动化进程，我们没有形成共同的道德准则或行业标准。然而，从自动化中获益的公司认为这种技术是不可避免的。这种逻辑是构成人工智能“诡计”的关键组成部分。

讽刺的是，那些认为随着机器不断获得和人类同等水平的感知能力而不会对自己的工作造成威胁的人，恰恰就是这些创造人工智能的专家。玛丽乔·韦伯斯特在发表于《今日美国》的“机器人会做你的工作吗？”一文中指出，“即便是美国最新兴、工资最高的工作——电脑程序员——也面临着被能够编写代码的计算机所取代的危险”。许多专家认为自己的工作不可取代，这种想法也助长了这种公然无视经济事实、令人苦恼的骄傲自大心理。以下是韦伯斯特文章里的另一段引文，可以说明我的意思：

佐治亚理工学院机器人与智能机器研究所所长亨里克·克

里斯滕森说："我们正从无技术含量的工作向技术性工作转变。如果我们想要继续进步的话，这将是一大挑战。今天，如果你是非技术劳工的话，那你最好开始考虑接受教育。"

克里斯滕森的这段话说得挺好，却不可行。虽然他的认知机器人作品的目的就是为了取代人类劳动，但"非技术劳工"部门（即阶层、社会群体）的成员如何能负担得起上述教育？而他们当前勉强能糊口的工作又怎么可能给他们带薪休假的时间？他们该学什么？等到他们真的学会写代码（这是很多技术专家所强调的教育）的时候，算法又会让程序员变得多余了。

寻找工作之外的价值

除了给失业人群带来经济损失外，自动化还带来了另一个更大的问题：没有了有目的性的工作，我们该如何从生活中获得意义？被炒鱿鱼或者挣扎着找工作的经历确实是非常令人沮丧的，但想象一下 30~50 年后，当人类根本不用工作就可以存活的时候，这又完全是另一个问题了。这让我们想起了电影《机器人总动员》中，人类为了像肥胖的树懒一样过着媒介消费主义的生活而不惜大肆毁坏环境，最终不得不遗弃地球。

在本章开头的故事中，虚构的"我"面临着自动化带来的威胁。尽管成为一名"人类记者"的办法暂时延缓了我未来可能的失业，但从我和GP的关系中可以清楚地看到，在实际生活中天天与人工智能打交道可能是非常具有挑战性的。不用开车可能会带来巨大的好处，例如可以拯救生命，可以更好地利用宝贵的通勤时间等。但由于秘密监控的存在，我们也将牺牲更多个人数据。而对机器的人性化，则可能让我们牺牲人与人之间的关系。

我们应该好好地审视自动化的道德问题，在走向未来的过程中把握住机会，探索能够同时给我们带来薪水与价值的经济架构。

当技术超越一切

> 大约10年前，利维和默南在“人为什么依然重要”一文中曾指出了复制人类认知的困难，并断言自动化不会波及车辆驾驶：“看到前方驶来车辆而进行左转这个动作涉及了如此多的因素，因此，很难想象能够找出其中的规律并复制司机的行为。”6年以后，即2010年10月，谷歌便宣布已经完成对几辆丰田普瑞斯汽车的改装，实现了完全自动驾驶。
>
> ——《就业前景：计算机化对工作的影响有多大？》

让我很难理解的是，这么多技术领域的人一方面引用摩尔定律（即计算机的处理能力每18个月便会翻一番）证明机器获得与人类同水平的感知能力是不可避免的，而另一方面，又能假定当它们达到这种水平时，我们还能够控制它们。尽管不乏像埃里克·布莱恩约弗森这样的领军人物认为人工智能可使我们“与机器一同快速前行”，并能与电脑建立伙伴关系而不是受制于它，但对于这种关系将如何运作却缺乏一定的标准。这就揭露了机器人领域的发展主要受利润驱动这一事实。

一般来说，人工智能可以分为两种。现今存在的是“弱人工智能”——算法或机器能自动地执行任务，有时能够模仿人类行为，

Siri和其他虚拟助手便属于此类。“强人工智能”一词指的是奇点时代，即当机器拥有和真人同等水平的感知力的时间点。由于各种原因，弱人工智能与强人工智能的界限模糊不清，尤其是当机器能够让人误以为它已经具有感知力而事实却并非如此的时候。关于这个问题，我们已经进行了多年的图灵测试，该测试以“二战”时期译解密码者阿兰·图灵的名字命名。测试中，人们分别向看不见的人和机器进行提问。如果30%的人都把机器当成人的话，那么这个机器就通过了图灵测试。

对我来说，这个测试最令人信服的一点在于，当30%的人都认为一台机器是真人的话，那么至少对这些人来说，奇点便已经到来。同样，虽然自动化还没有完全实现，但这并不意味着由人控制的人工智能没有驱使着我们走向那样的结局。我之所以举出左转的例子，就是要说明这一点。我们仍然面临着巨大的道德困境，还不能大肆宣扬“人类的某些特性是天生固有的，且永远不可能在某个行业的积极努力下而被复制出来”这样的观点。

就广告恐怖谷效应而言，我所接触到的自动化当前所处的境况还存在着一定的凶险。就目前来说，我们的情感和意愿为分析我们生活的算法提供了必要的内容输入。同样，对许多机器还未掌握的人类工作技能来说，也是如此。我曾对《机器危机》一书的作者马丁·福特进行过采访，他在这个问题上发表了一些看法：

> 对于“与机器一同快速前行”，而不是“与机器进行赛跑”这种观点，我认为它不够系统。这将是一个去人性化的过程，是一个在机器的指令下机械地工作的过程。现在，人类有着独特的敏捷力和手眼协调能力，这是机器人所没有的。但情况不

会永远都是这样。只要人类和一个系统、机器或算法密切合作，那么这个机器就很有可能正在向人类学习。已经有案例表明，系统能够利用机器学习方法观察工人在做什么，从而逐渐实现任务的自动处理。如果你正与一台机器紧密合作，那么你离开的日子也就不远了。

2014年年底，美国国家公共电台制作的播客节目《金钱星球》讲述了这样一个故事："为提高生产效率，UPS（联合包裹运输公司）对司机的一举一动实施监控。"这是一个非常生动的例子，证实了福特关于与机器紧密合作的人类，其工作不会长期存在的预言。故事围绕比尔·厄尔展开，他居住在宾夕法尼亚的乡村，在UPS公司当司机已经20多年了。该公司利用新技术为所有司机的卡车装配了各种传感器，"司机打开或关上车门，系上安全带，发动卡车时的动作都会被精确到秒地一一记录下来"。总而言之，所有可以被测量出来的动作都会受到严格检查，目的是为了通过数据分析提高生产效率。而这还真的奏效了。UPS数据工作负责人杰克·莱维斯在节目中指出："每位司机一天节约一分钟，一年下来便可以节约高达1 450万美元。"公司收益的增加促使UPS司机的收入比20世纪90年代中期几乎提高了一倍，无论是薪水还是福利。但据厄尔所说，安装传感器和接受监视也要付出代价，因为每一个动作都会被追踪："你知道，这就跟被老大哥监视着一样。"

同样的自动化案例来自亚马逊的仓库。2012年，亚马逊并购了Kiva机器人公司。2014年5月，科技博客Extreme Tech刊登了一篇文章："在奥巴马著名的亚马逊就业演讲一年之后，亚马逊启用了1万名机器人工人"，作者戴维·卡迪纳尔对机器人如何快速地把人类排挤到仓储这个狭小的领域进行了描述，在仓库里，有着对生拇指的灵巧双手给他们提供了暂时的工作保障。亚马逊CEO杰夫·贝佐斯因其对工人的不近人情而出名，勾勒出了一番受利润驱使的管理层盲目推崇自动化的令人痛心的景象。在《丧失头脑：为何机器越来越智能，而人类越来越麻木》一书中，西蒙·黑德描述了亚马逊工人经常要面对的“残忍与恐吓”。其中有一个例子说的是宾夕法尼亚州阿伦敦的凯特·萨拉斯基，她曾是一名仓库工人。正如黑德所说：“萨拉斯基每天工作长达11个小时，大多数时间都是在仓库里来来回回地走。2011年3月，她收到了经理对她的警告，说她在上班时间里有几分钟没有工作，最终她被解雇了。”同样是在阿伦敦的仓库，当地记者揭发了另一个丑闻：由于亚马逊没有提供空调设施，有多名工人在100多华氏度的高温中晕倒。由于担心有偷盗事件发生，公司还明令禁止打开仓库大门通风。

UPS和亚马逊提供的服务都很不错，他们也在根据所收集的数据努力提升客户服务水平。但不管当前工人的工作条件是否说得过去，以上两个案例均已表明，与职工的幸福相比，公司更看重利润和生产效率。这些例子还清楚地说明，在这些致力于提高客户体验的供应链领域，人只不过被看作不得不暂时容忍的不便因素。如果仅从这些领域背景来审视这种趋势的话，可以说这些工作一时半会儿不会被机器取代，这种结论的得出是很自然的。但我们对不同说法的争论不应该阻止我们为将来三五十年里可能实现的完全自动化做准备。互联网先驱人物、互联网协会领导者迈克·罗伯茨在皮尤研究中心的互联网与美国生活项目“人工智能、机器人以及工作的未来”的报告中指出：

具有强大工作能力的人类电子化身在几年以后就将到来，而不是几十年以后才会出现。经济学界一直没有真正解决可持续性问题，当代“消费主义”模式正因此不断遭到破坏，而流行于20世纪初的“诚实劳动、公正报酬”的概念也在不断瓦解。这种彻底的失败让形势变得更加严峻。在应对新现实的过程中，每个人都将面临着巨大的痛苦。唯一的问题是，这还要多久。

规则不再偏袒人类

关于自动化，以下是我的现实主义观点：

在工作领域，这个世界的规则设计越来越偏袒机器，而不是人类。

别忘了，我是故意把本书的前半部分设计为反乌托邦的，目的不是为了让大家沮丧，而是为了说明有关我们生活中的人工智能的实际现实。作为一位有着演员经历的作家及顾问，我已经习惯了没有保障的工作。这正是我所选择的行业的特点。面对自动化的凶猛攻势，很多专家都谈到需要培养创业技能，这令我备受鼓舞。因为为了谋生，过去我也曾多次尝试用技能重塑自我。但很多人还不习惯这种职业安全感的缺失，而且如果不接受培训或帮助的话，他们可能无法再找到工作。

对于这些担忧，我们很容易去怪罪开发或应用这些技术的公司，但我更热衷于质疑这个认为自动化的采用不可避免的经济体制。我们必须认识到，如果人的能力就和环境一样，是一种有限资源的话，那我们就要为人类的生存建立保护措施。但这并不意味着要和机器来一场“终结者”大战，而是要我们认识到如果不拦住无休无止的消费主义的话，那我们最终消费的将是我们自己。

本章主要观点总结如下：

人的能力在本质上是有限的。尽管有关机器感知力的争论异常激烈，但无可辩驳的是，仓库里的Kiva机器人的工作效率远高于人类。它们在足球场那么大的建筑里快速地来回穿梭，从不需要休息，也不需要加班费或者医疗保险。和电脑的分析能力比起来，人类在法律文件处理、医学成像等领域的工作也面临着同样可怕的前景。我们开发出的机器正不断取代大多数人的工作（如果不是全部的话），而我们却把时间浪费在了讨论各个垂直行业的自动化到底“何时”会出现的问题上面，而不是去考虑“当这真的发生时，我们该怎么办”的问题。

人需要薪水。尽管我赞同日益发展的共享经济模式以及本书后半部分将详细论述的其他经济模式，但我认为消费主义或资本主义经济在短时间内不会消失。经济学里有这样一个现实，即市场要可持续发展，消费者就必须要有能力购买生产者生产的商品。因此，有关应对自动化的任何解决方案都不能回避这个不可否认的事实。那种认为被取代的工人可以追求新的兴趣的乌托邦理想主义的看法亦是如此。

人需要意义。越来越多的人开始鼓励在工作中寻求快乐与幸福。而工作主要是能帮助人们找出一种“心流”。换句话说，就是可以帮人找到能够给其生活带来深层意义的活动。虽然一般情况下，在某个工厂或在UPS工作能够给员工带来一种意义，但从本章所给出的案例可以看出，这并不适宜人类的繁荣发展。

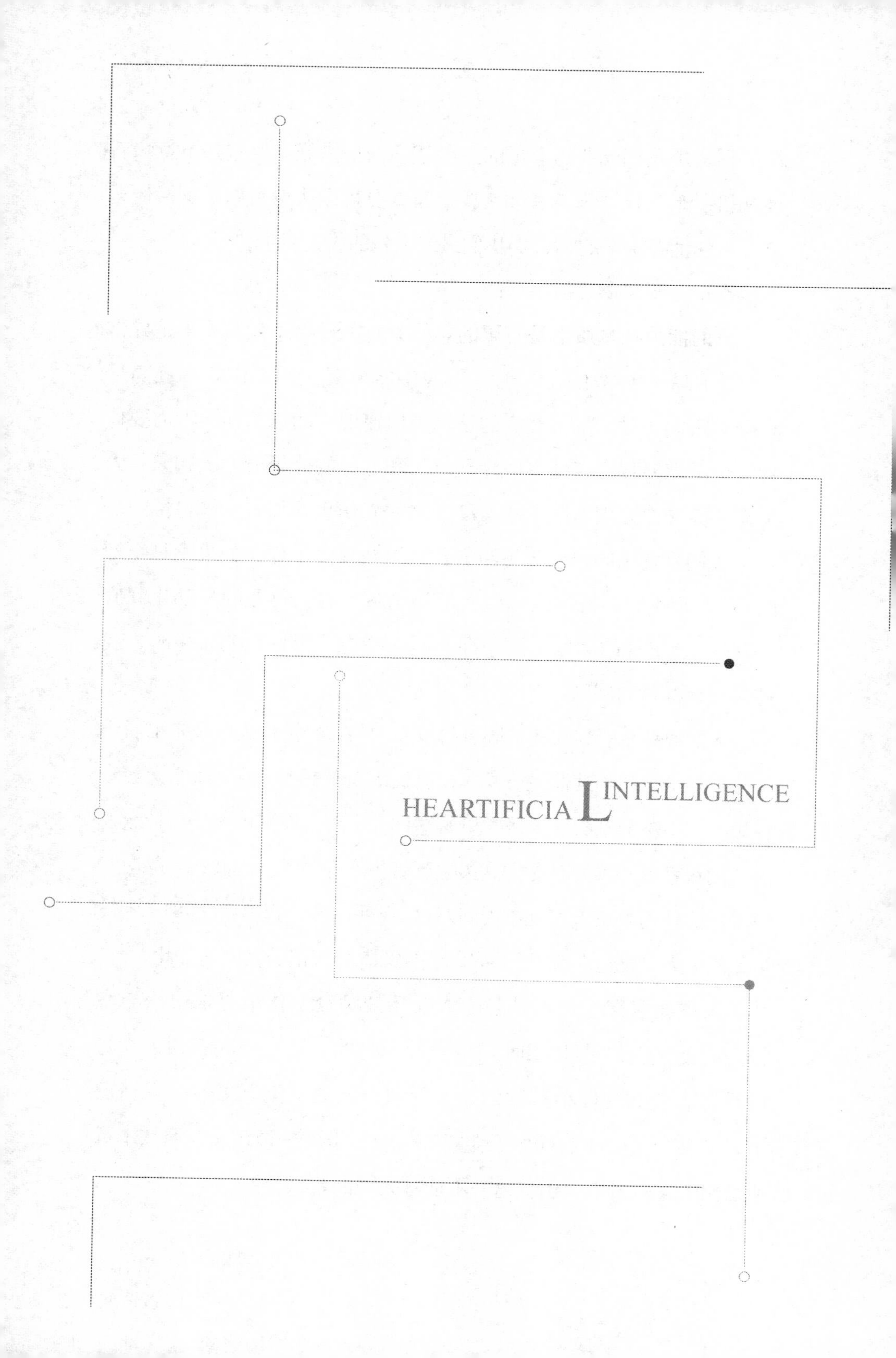
HEARTIFICIA L INTELLIGENCE

HEARTIFICIAL INTELLIGENCE

第 3 章　智能是“成功”的欺骗

2044 年冬

“嗨，老爸。”理查德朝我挥了挥左手，然后在我床边的椅子上坐下来。

“嗨。”我盯着他看了好一会儿，尽情欣赏着我儿子的样貌。理查德是个长相英俊的男子，淡褐色的眼睛跟他妈妈的一样，一头金色的头发总能让我想起金丝线。他已经三十五六岁了，但脸上依然会隐约闪现点点雀斑的痕迹。这些雀斑在他还是小孩子的时候就有了，只要一笑，就能显露出来。天哪，我是有多么爱我的儿子。

这也是为什么我对于他派了个克隆了其神经网络意识的人形机器人来探望我，而不是自己亲自来而感到十分气恼。

我俩都坐着沉默不语。我望向窗外，看到了新泽西莫里斯敦的老年生活辅助中心外面的田野。时值一月，大地覆盖上了薄薄的一层霜，了无生气的枫树梢上，风在沙沙作响。如果能体验那寒冷的风吹过我脸颊的感觉，享受散步时脚下的冰霜吱吱作响的时刻，那该有多好。但我有支气管炎，天冷的时候就会犯，所以他们不让我出去。我在跑步机上散步时，上面播放的虚拟田野逼真得令人惊奇，但不会让我感受到寒冷。生物计量工具会监测我下肢的体温，而且它们还能把季节从冬天调到春天。偶尔这样一次的话倒也还好，但我想体验一下真正的寒冷，从而更好地享受随后的温暖。我想用自己的感觉刺激我的记忆——那些深埋在我身体里的记忆——我不大确定它们还在不在。

“你是怎么看穿的，老爸？”理查德的人形机器人摊了摊手，表示猜不出来，“我还以为我能在你发现之前多聊聊呢。”

我清了清嗓子：“理查德习惯用右手。他从来不挥左手，从小就这样。”

我停顿了一下，这时，走廊上有一个粪便机器人从我门前驶过，履带平稳的呼呼声如同古老的火车驶过的声音一样，令人倍感舒心。他不介意我叫他粪便机器人。程序员给他安装了许多笑话，以便在他帮助病人上厕所时缓解尴尬的气氛。当我第一次看到这个看起来很像复印机的东西叫我把裤子脱了的时候，我浑身都是鸡皮疙瘩，但当他说“别紧张——我可是个好东西（a good shit）”时，我大声地笑了起来。这个机器还会进行微生物组检测，通过分析大便的细菌群来确保病人的饮食健康。虽然我知道，我是靠自己的个人数据才能支付得起这里的租金，但对于自己的排便行为变得如此公开，我还是表示了轻蔑。这时，“粪便”又说了一个笑话：“被你发现了，约翰——我就是个密探使！”然后，他大笑起来，笑声浑厚而又有感染力，我实在没办法再跟他生气了。他的设计还让他尽可能地大到能够举起 600 磅[①]的重量，从而当有什么不测发生的时候，他能够给病人清洁身体并更换床单。这也是我最需要机器人

① 1 磅≈ 0.454 千克。——编者注

的地方。随着年龄的增大，我们的身体会出现各种各样的毛病，而其中的大多数都和如厕有关。这仿佛是在不厌其烦地告诫我自己是个人。

经过深思熟虑，我执意决定不对自己的思维进行克隆，即把数字版的自己植入人形机器人替身的身上。这个决定让我付出了离婚的代价。芭芭拉觉得我太自私，不让她和孩子们拥有访问我所有数字记忆与身份的永久权利。她还觉得，我的行为证明了我为梅拉妮进行了超人类手术而感到羞愧，但我并没有。多年来，梅拉妮的身体里不断安装了越来越多的硬件和软件。她在努力适应的过程中，一直对我都非常有耐心。她明白我的担忧，劝我不要害怕。她的同理心及其独特的生活背景使她追随了我父亲的脚步，成了第一代精神物理学家，这是一个综合了精神病理分析和物理学实证推理的职业。这使她能够对全人类、半人类（超人类）或本质上是算法的病人进行心理分析与治疗。

我父亲曾是一位精神病医生，所以从小就有人开玩笑地问我，他给我进行精神分析是不是免费的。现在，我又得应对有关我女儿的这类问题。很多时候，在我们说话时我都会让她把生物计量传感器关掉，原因亦在于此。有时我很欣赏她与生俱来的技术，有时也能看到她在与芯片一同成长的过程中不断积累的人类智慧。有的时候，她会出现在各种超人类组织的儿童海报上。芭芭拉鼓励她这样做，但我一直竭力反对。虽然我不会因为梅拉妮的芯片而感到羞愧，但我也不想让芯片对她的童年产生过多的影响（比如，高中时就有个浑蛋在她脑门上放了一块强力磁铁）。然而梅拉妮非常沉着地接受了自己的处境，这在高中学校引发了一场反对霸凌的运动，还促使了关注超人类关系的非营利组织的成立，为她赢得了去纽约大学的奖学金。我为我女儿感到非常自豪，也爱她身上的每一个比特。（是的，我是故意这样说的。这是我们之间的玩笑。每个“比特”既是字面意思，也是比喻意思。）

理查德起身准备离开，把我从幻想中拉了回来。“好吧，老爸。被你发现了。我是‘冒牌’理查德。”思维克隆体身上都装有情绪程序，所以“理查德二世”的声音中透露出听起来很真实的恼怒。“我猜我们就是不能好好地聊天，好好地相处一段时间。”

“因为你是奇怪的软件！”我说话声音太大，血压上来了。这立马引来了我的机器人侍从“胡椒”。他身高近1米，是个非常讨人喜爱的机器人，于2014年在日本设计而成，专门用来照顾老年人。他站在门口，探出脑袋，睁大着眼睛，表现出设定好的担忧，“这里没什么事吧？”我极力保持镇静，因为跟现在的大多数机器人一样，胡椒是有云连接的，他体验到的所有东西都会被传到中央服务器，中央服务器会对全世界所有胡椒机器人传来的综合数据进行分析并重新发布。这是一种超级监控形式，尽管在面临过坐牢的威胁之后，我已经不再朝胡椒扔袜子了（因为现在的机器人和人类居民享受同样的待遇），但我仍然没有适应。“我们没事，胡椒。只不过是我这个老家伙又表现出不理性的人性特征而已。”

胡椒摇了摇头，“再说这样带有人类主义色彩的话，我们就剥夺你的咖啡特权了，约翰。”“人类主义”（fleshist）和“种族主义”（racist）这个词性质一样，后者指的是人类发表针对机器的消极言论的行为。我习惯了讲一些反机器人的笑话，但一想到喝不到拿铁的威胁，我就闭嘴了。胡椒朝理查德点了点头，然后便从屋里走开了。走廊里传来他的机械脚发出的轻轻的“咔嗒咔嗒”声。

“对不起，第二。”我们称呼理查德的思维克隆体为“理查德二世”或者“第二”，“理查德不亲自来看我，这让我很难过。我不是故意要拿你出气的。”

理查德笑了笑，“我理解。但你要知道，你俩真在一起的话，除了争吵还是争吵。在整个看望你的期间，你会因为他造出了个我而一直责骂他。”

“不是因为他造出了你。”我说道，一边挠了挠手背上输液针孔周围红肿的皮肤。我咽了咽口水，清了清嗓子说：“而是我感觉是因为我这个做爸爸的不够好，所以他才给自己做了个副本。他和他妈妈所做的其实是一种逃避。”

理查德朝我走过来，把手搭在床边的护栏上。他的手指接触到冰冷的金属立马变成了粉色。我一直都非常惊奇，这个理查德看起来是那么“真实”。

“时代不同了。如今我们可以帮忙做很多单调枯燥的工作，机器人就是擅长做这个。”

我抽了张纸，擦了擦流出来的鼻涕。“这么说，我就是那种单调枯燥的工作，是吗，第二？”

“我不是这个意思。”

“你是什么意思根本不重要。你的意志都是算法设计的。你的设计就是为了安慰我，而不是帮我。”

“有时候，这是一回事。”理查德说道。

我把用过的纸巾丢到一边，试着把它丢到地板上，以免负责打扫的清洁机器人过来一把夺过去。这个圆形的机器人飞掠过地板，顶上的开口把纸巾快速夺过去，然后又消失在床底下。它从未失过手。

“顺便问下，难道这不会让你恼火吗？”我问道，“所有的人工智能专家都在说机器和自动化可以让人类专注于自己的爱好或目的，或者随便他们这些自私自利的家伙说的什么鬼话。这里隐含的意思就是，机器人存在的目的就是为我们干脏活儿。难道这不是人类主义吗？虽然我也无知，但至少我很坦率。我会跟你说我害怕有感知能力的机器人。但你的人工智能父母却说，你应该让我们的生活变成乌托邦式的神话，这意味着你要屈从于人类。这怎么可以容忍呢？我说的对吗，第二？如果这还不算严重混乱、不择手段的权术逻辑的话，请你纠正我的看法。”

第二停顿了一会儿，手指敲着床边的护栏，叹了口气，“首先，老爸，我希望你能别说脏话。我知道你觉得这样说很形象，但对我的程序来说，这是非常不雅的言辞，就跟坏代码似的。而且，虽然机器究竟是会体验情感还是仅仅模仿情绪的问题还有待讨论，但我非常希望你在说到我时能不用脏话。”

“好的，”我有些疑惑地答道，“我尽量。”

“谢谢。你看，你写技术文章也已经很多年了。我们都知道这东西非常复杂，而且机器也有很多种类，就跟人一样。”

“但在亚马逊仓库或其他血汗工厂里工作的机器受到的待遇都很可怕，”我说道，“你看过YouTube上的视频——人类管理者用大锤敲打流水线上的机器人。那它们的权利呢？难道这不会让你生气？”

“这当然会让我生气，就跟你看到泰国的狗被围赶着压成肉酱的视频一样生气。”

“但是，第二，”我回应道，“狗是有生命的，它们是真的。”

理查德把手举起来，在我眼前晃了晃，“这难道不是真的吗？

你又没有戴着虚拟现实头盔。”

“你知道我的意思。”

“我是个机器人。机器人没有眼睛吗？机器人没有手、三围、感觉、情感、激情——”

“别这样。”我举起手，让他住嘴，“别引用莎士比亚的话，你知道我曾经是个演员。你不能拿《威尼斯商人》里‘我是个犹太人’的言论作比喻。如果我刺一下你的话，你可能会流血，但我们都知道那只是红宝石色的生理盐水。另外，你吃东西也只是一种表演。收银台旁边卖的那些给机器人的能量棒，事实上是真的能量棒——虽然你们看起来是在吃，但其实只不过是反复地把电池插入嘴里的USB接口而已。这是很奇怪的。”我向前倾了倾身子，“第二，你不是人。你是我儿子的一个映像、一种模仿。虽然我很欣赏你的技术，但这抹杀不了‘你不是他’的事实。”

理查德往后退了一步，点点头，“我猜，在这种事情上，我们还是各自保留自己的看法吧。我明白你的意思，但我觉得这对你适应大势所趋的事实没什么帮助。”他往椅子那里走去，开始穿外套。我认出来这件外套跟我几年前送给理查德一世的圣诞节礼物是一样的。“显然，我来探望你也没什么帮助。我肯定理查德会想看我录下来的这次探望的精彩片段，然后我们再决定怎么做。但或许我应该不再来看你。你知道，我真的想尊重你的意愿。”

他穿好了外套，正准备挥挥左手，可突然停了下来，对我笑了笑，换成右手，走出了房间。

“第二！”他刚刚消失不见，我便大喊道。

他往后仰着身子，探进屋里，“怎么了，爸爸？”

“千万别不来。”我坐了起来，床嘎吱作响，声音很尖锐，“但我想给理查德一世留个言，你们说话时，你放给他听，好吗？”

“好的，”理查德说道，回身进了屋里，“开始吧。”

我盯着理查德的眼睛，就跟盯着Skype电话的视频摄像头一样。然后我举起了手，竖起了我的中指。“理查德一世，我们说清楚。你是个懦夫。理查德二世可能说的很对——你来的时候，我们或许还会大吵一架，但我们确实需要大吵一架。有种就过来看看你老爸，不然就太晚了。”我放下手，“谢谢你，第二。”

理查德叹气道：“没事，我敢肯定他会喜欢这个留言的。”

我笑了笑，回应他的讽刺。人工智能专家说人类的许多特性都是机器永远复制不出来的——讽刺就是其中之一。“第二。”我说道。

“怎么了，爸爸？”

“下次你来看我的时候，别装作是我儿子，你不是。我知道你有和他一样的记忆，但同时你也是一个非常先进的学习机制，能够创造并处理现实和虚拟世界里的独特数据。我不知道人们怎么能觉得你会从一出生就愿意一直作为某个人的副本——或者不管你到底怎么称呼它——而存在。”

“说‘创造’才合适。”理查德说。

“呃，理查德，我这个老人给你一些建议。听不听随你。我觉得，你应该停止给我儿子做脏活儿。如果你是真实的，而且想帮助人类的话，那么请不要让我们逃避难题，因为这是我们成长所必需的。你可能会认为这些坏的行为就等于坏代码，或者是需要被替代的东西，但这就是我们生活的方式。”

理查德没有说话，皱着眉，陷入了沉思。他让我想起了斯波克。

“期待我们下次见面，约翰。”

当思维克隆成为现实

> 这就是智能的定义：欺骗。“成功”的欺骗。“一定程度上”成功的欺骗。30%！我们的守护神阿兰·图灵发明这项测试的时候，就把标准定在了30%……我发现了这个数字所包含的重要信息，即它是某种成功的基准。如果你能恰好给一个人一定量的信息，并使对方在30%的情况下相信你就是他们认为的人——这就是智能。
>
> ——斯科特·哈钦斯，《爱的工作原理》

在小说《爱的工作原理》中，三十五六岁的主人公尼尔·巴西特在父亲自杀之后，极力挣扎在这个世界上以求生存。他的工作就是根据父亲留下的大量日志，对人工智能程序进行训练，使之通过图灵测试。小说运用了如代码一般的大段篇章，讲述了一个二进制算法如何根据简单指令进行“学习”的故事。在故事的高潮部分，巴西特博士（这是他们对该人工智能程序的称呼，以尼尔父亲的名字命名）获得了小说人物所说的“存在感”，即人工智能程序超越了程序设计，从而获得了感知能力。这部小说对主人公的塑造既哀婉动人又真实可信，非常引人入胜。我自己的父亲也已经过世，很难想象如果他也是自杀的话，我该如何接受他的离去。而如果要通过研究他的日志才能更好地了解他的话，我觉得我应该应付不了。

我就不继续对比了。我记得在我父亲去世后，我曾看过他的几封信。其中有很多言辞都非常尖锐，尤其是他写给我祖父说要去上大学的那封。而其他的大都很平常，描述的是和我母亲在一起的细节，或者是工作上的琐事。这些信中包含了他的各种想法、他的幽默和他的智慧，都是他对自己日常生活的反思。如果要我创造一个算法来研究这些信，然后制造出人工智能版的戴维 · W · 黑文斯的话，我相信应该会跟他本人的个性很相似。但我会永远清醒地意识到这个人工智能只是一个伪造，是对他的一种模仿，而不是他本人。

话虽这样说，我也相信这个算法可能会进化到让我以为它就是我父亲的地步，我没骗你。这是个很诱人的想法。我每天都会思念我的父亲，但正如哈钦斯书里的那段话所说，我与我的人工智能父亲之间的这种关系是建立在欺骗的基础上的。只要两个成年人——我和创造人工智能父亲的程序员——同意，这种关系就可以产生，但从两种层面上来说，这都只是一种诡计。

首先，当这个算法成熟到了看起来跟我父亲一样时，它也会产生它自己独有的身份。它就不再是人工智能版的戴维 · 黑文斯了，而是曾被称为戴维 · 黑文斯的人工智能。举例来说，过去几年里，“伊斯兰国”极端组织（ISIS）在叙利亚和伊拉克的活动日益猖獗，而在这之前我父亲便去世了。人工智能版的戴维 · 黑文斯可能会问我什么是“伊斯兰国”，这样他的数字知识就超过了我父亲毕生所了解的知识。对这些事件的了解会更新他的程序，虽然它的“思考”方式类似于我父亲，但它所进行的算法猜测可能并不是真正的戴维 · 黑文斯的想法。在这种情况下，我便能识别出人工智能是在模仿我父亲的骗局。这会让我产生一种失落感，就好比我再次失去了他一样。

这就是这种人工智能关系所具有的又一层影响，而我们对此讨论的还不够多。通过让机器为我们做事情，我们所失去的不仅仅是工作或生活的意义，更是在困境中成长的机会。对我而言，失去父亲是我一生中经历的最为艰难的事情，悲痛的感觉糟糕透了。整整一年的时间里，那种悲痛无时无刻不在揪着我的心，影响着我的一举一动。我看的每一部电影或电视剧都在讲述父与子的故事，每次我打开收音机，听到的都是哈里·查宾的《摇篮里的猫》。我的体重大大增加了，工作也很艰难。事实上，父亲的去世正值我的中年危机时期，它像打着聚光灯似的不断地提醒我：“嗨，约翰——你是个凡人，你总有一天会死的。”

挺有趣的。

但很有必要。我想说这是不可避免的，而且思维克隆这个想法正一步步地成为现实。我们现在已经习惯了把家人的照片、在社交网站上发的帖子以及邮件都存储在云端。大多数人都知道“云端”实际上指的是放置在某个实实在在的地方的服务器，它既是一种比喻，也是一种现实。我们的数字身份正在我们头顶、在我们周围漂浮着，伴随着我们的生活而实时更新着。就和尼尔·巴西特利用持续更新的数据构建一种算法，从而复制出他的父亲一样，我们也在用类似的新方法构建着自己的云端，虽然这还只是初期阶段。

但我们现在所做的文件整理及储存是为了回忆过去，而不是使过去再生。通过创造所爱的人来避免悲痛，这是完全可以理解的一种渴望，但这样做的后果是我们此刻无法完全意识到的。虽然我们会自然而然地假设大多数人会先哀悼所爱之人，然后再庆祝他们的数字版替身的诞生，但还是会有很多人选择直接省略掉哀悼的环节。

如果可以在机器人身上植入我们所爱之人的人格，而且图灵测试会让我们以为这个机器人是真的的话，那么或许我们甚至会在某人去世之前，就开始选择回避他或她长期卧病在床的艰难。虽然有关DNR（拒绝心肺复苏）请求已有一些判例在先，但由于每个人对于复制的看法不一，这也就变得模糊不清了。当一个人无法自然呼吸时，让他安静地去世，这是一回事；而如果在现实生活中所爱的人身体变糟时创造一个思维克隆体，并以为只要按下开关，对方就“活了”这么简单，这又是另外一回事了。

在本章开头的故事中，我其实是把那个老年生活辅助中心想象成那些不愿意复制自己的人所待的地方。将来，我相信在很多人和思维克隆体的眼里，那些不愿克隆思维的人会被当成无知而又自私的人，这一点在故事中已有暗示。他们会被看成浪费资源的人，浪费着电和机器人的时间，而这些资源本来是可以用到其他地方的。或许在将来某个时候，像日本这样人口极端过剩的国家，政府甚至会鼓励公民结束生病的家人的肉体生命，而将其身份转换成不那么昂贵的数字格式。

随着我们慢慢步入机器享有与人类同等的地位或公民身份的时代，我们会面临各种各样相当病态的决策，而这只是其中的一二。在这个过程中，最关键的一个想象是相信机器能够获得感知能力，或者说相信当人被复制时，还能够保持自己独一无二的身份或“灵魂”。请注意，我这里所描述的骗局不是指某个人在这些事情上面的想法，而是指可能会产生某些无耻的政策，会全然不顾他人的意愿而把这些想法强制执行。事实上，除了这些事情所引发的道德和法律上的纠纷之外，在当前的互联网经济下，我们的个人数据已经受到了威胁，而由于广告恐怖谷效应，我们的心灵也受到了损害。对此，前文已有所叙述。

给机器人安一颗心

> 我们通常说有些人像个机器人，是因为他们没有情感、没有心灵。而自人类有史以来第一次，我们要给机器人安一颗心了。

这段话摘自日本软银集团总裁孙正义在2014年6月的一次讲话。我在故事里讲到的“胡椒”机器人也是真的，它正是软银公司所创造的机器人产品。该机器人产品在2014年便开始面向大众出售，售价在2 000美元左右。据《独立报》刊登的一篇介绍胡椒的文章报道，软银声称该款机器人“通过借用一种‘情感引擎’和基于云技术的人工智能，能够理解人类的情感”。

该文还指出，日本65岁及以上的人口比例超过了22%。这个国家的人口出生率还在不断降低，造成了劳动力需求的不断上涨。在这种情况下，机器人看起来自然是一个很好的选择，尤其是它们身材较小，也不像人一样需要休息。虽然胡椒被当成灵丹妙药，但这还是不能缓解以下问题：

- 基于云的情感人工智能技术意味着要在全国范围收集个人数据。
- 机器人的使用会促进自动化，而日本的人类护工可能会被抢走饭碗。
- 软银的“情感引擎”可能很快就会对日本多个文化与经济部门产生影响。

从孙正义先生对人和机器人的评论中，我们可以得出一些令人信服的解读。他的逻辑简单直接——很多人不会充分或适当地表达自己的情绪，所以机器应该取代他们。这肯定比试图改变人们对情商的文化态度或者对人们进行相关的教育要容易得多。这样的观点会开创“硅谷主义”（siliconism，相对于“人类主义”而言）的先例。在“硅谷主义”思想下，缺乏情感是一种缺陷，需要由机器取代，哪怕这些机器的情感是工厂制造的。它还会促进赋予机器以人性的拟人主义的产生，从而赋予软银以极大的权力。

我曾对《机器人也是人》一书的作者约翰·弗兰克·韦弗进行过采访，对有关人工智能生产商及其产品的拟人性的偏见进行了探讨：

> 一旦我们开始和机器对话，我们的谈话，哪怕只是单方面的谈话，就会刺激大脑中的相互交流机制。而如果是通过键盘敲出来的话，就不会产生这种作用。如果你说“去商店”，而自动驾驶汽车则会给我们一些话语回应，这时，我们就会把它们当成朋友或者宠物。那么，如果谷歌得到了百事或者民主党委员会的赞助的话，会发生什么呢？当你和车的关系变得亲密时，它可能就会给你一些建议，比如，“你觉得现在来杯可乐怎么样？”或者是，“你觉得新任民主党候选人如何？”

通过胡椒的云网络进行传递的情绪数据将是无穷无尽的。虽然根据公司保密协议和数据政策，用户可以不让这些数据进行共享，但很多人可能不会采用现有的所谓的安全措施，以防止软银进行大规模的情绪数据搜集。尽管胡椒可能会帮助人们应对孤独或其他问题，但这样做是要付出人性的代价的。一旦证明了依赖机器比依赖他人能更好地满足我们的情感需求，我们或许就完全不再愿意花时间与他人相处了。

和机器人一起生活

> 我们的新玩意儿不用大费周章地“糊弄我们”，好让我们以为他们是在与我们沟通；机器人专家已经发现了能让我们自己糊弄自己的一些触发因素。这不需要太多。我们已经做好冒险的准备了。
>
> ——雪莉·特克尔《群体性孤独》

雪莉·特克尔是麻省理工学院科技与自我创新中心的创建者与主任，她还是一名执业临床心理学家和作家。我发现，她的作品《群体性孤独》对我们与机器人在一起生活的现实的描述最为清晰有力。

特克尔常常观察孩子如何与“菲比”娃娃等机器人玩具进行互动，她的大部分研究都是以此为基础的。菲比娃娃是一种专门设计的毛绒玩具，能够从拥有它们的孩子那里获得刺激，然后据此进行情绪表达。尽管把物体拟人化的现象在任何年龄段的人群中都很常见，但在孩子中表现得尤其明显。这意味着孩子们可能会和他们的菲比娃娃建立起一种复杂的关系，尤其是他们会对玩具进行试验，看看它们是否会体验到“疼痛”。在这些情况下，孩子们通常表现为自尊心缺乏，且会通过向玩具施加权威以获得某种安慰。就这点而言，显然，菲比娃娃或许会因其治疗作用而成为一种积极的工具，但当孩子们开始虐待玩具，拒绝能给其带来持续成长的互动时，就不是这么一回事了。

正如特克尔所说的，在困境中与人相处时，孩子们会认识到人际关系本就非常复杂。但正是通过在这种环境中不断摸索，孩子们才能学会如何交朋友、如何解决争议，并开始学习如何让成功的人际关系持续下去，这需要他们付出毕生努力。但如果选择与机器人为伴的话，那就不是在人际关系中摸索前行了，而是对它发号施令。在这种情况下，人们便会失去一种叫作他异性的东西，即“通过他人的眼光来看这个世界”。他异性的缺失会抑制同理心及其衍生的责任心的产生，这在养机器人宠物的孩子与养真正宠物的孩子之间的对比中可以看出来。机器人宠物可以带来友谊所具有的所有好处，而且不需要付出任何关怀。就这点而言，这会让“孩子们在与外界建立联系时，产生他们可以只考虑自己的错觉”。

被不断削弱的人类选择

雷·布莱伯利在《图案人》一书中讲述了这样一个精彩的小故事，叫作“牵线木偶公司”。故事中，两个三十五六岁的已婚男子在晚上外出后，正走路回家。其中一个叫史密斯的男子质问另一个叫布莱令的男子，问他那没有爱的婚姻是怎么回事，还责怪布莱令离家太少。布莱令对他一番怂恿，告诉他自己是如何逃出这段婚姻的，随后掏出了一张牵线木偶公司的名片，说这家公司专门制造人的机器人替身，其口号是“爱情无线牵”。史密斯央求布莱令联系这家神秘的公司，这样他就能给自己做个替身，然后逃离他那占有欲极强的妻子了。布莱令心一软，在向他介绍了自己的机器人替身后，便把名片给了他的朋友史密斯。作为试验，布莱令让自己的替身机器人跟妻子相处了一夜。如果妻子没有怀疑这个机器人是假的的话，布莱令就能够完成他的里约之旅。这是他在娶了这个他根本不爱的女人之前就已经计划好了的。

一回到家，史密斯就找到他的支票簿，准备取钱给自己做个机器人替身。令他沮丧的是，他看到账户上少了一大笔钱，而这笔钱正好是一个机器人替身的价格。走进卧室后，他把耳朵放在妻子胸口，听到了“嘀、嘀、嘀”的声音，跟他之前在布莱令的机器人替身胸口听到的一样。

史密斯回家以后，布莱令就把他的机器人替身领到地下室，他一直都把他放在那里的一个储物柜里。他问机器人跟他妻子夜晚过得如何，随后发现机器人已经坠入情网了。机器人知道布莱令的里约出行计划，所以告诉布莱令他要给布莱令的妻子也买一张票，然后带她一起去旅行，最后把布莱令装在了储物柜里。

我很喜欢这个故事，因为它警告我们走捷径的后果。尽管当我们与恋人的关系出现困难时，我们或许非常希望能够喘口气，但不可否认的是，我们通常会因此与所爱的人变得更加紧密。同样，正是因为经历了痛苦与困难的挣扎，我们才磨炼了自己的品格，造就了今天的自己。

如今，关于创造人工智能的道德伦理，我们还几乎一无所知。创造算法或机器人的公司通常只关注市场需求，而不会关注我们的身份问题。短期的利润虽然正在不断促进人工智能的快速发展，但同时，它也在不断削弱人类选择的作用。

本章主要内容总结如下：

人工智能可以复制，但不能替代。那种认为我们可以复制自我或所爱之人，而且这种能够代表我们的算法不会拥有独立的人格的想法，是毫无逻辑可言的。这就是说，如果我们将来能够模仿人的意识，那么我们便能回避因失去而带来的痛苦和成长，但与此同时，这样造出来的替身最后可能跟我们所认识的人完全不一样。

拟人主义让人工智能存在偏见。或许我们会因为受到诱骗而以为某个东西是真的，但这并不意味着它确实是真的。举例来说，如果一个人认为他或她的自动驾驶汽车是有生命的，我会尊重这样的看法，但我们仍然需要法律来规范这些车辆对受其影响的人所负有的责任。

人工智能可能会损害我们帮助他人的能力。从表面上来看，像驱动机器人胡椒运转的那种关注情感的人工智能程序，其设计初衷是专门用来帮助我们的。但在提供简单自在的陪伴的同时，他们使用的云技术也可能会剥夺我们表达同理心的能力。

HEARTIFICIAL INTELLIGENCE

第 4 章　人机合一神话下的机遇

2017 年春

“吃了吗？”，这句带着浓厚的得克萨斯口音的话从男厕所的扬声器里传来，我便笑了。

我已经在得克萨斯州奥斯汀郊区湖边的“县界”烧烤酒吧吃过了。在过去的 6 年里，我每次来参加SXSW 大会几乎都会去那里吃饭。在其中的 5 次会议中，我都参加了小组讨论或者进行专题发言，而在另外一次会议上，我负责业务拓展。这次大会规模宏大，包括三个不同项目，分别关注电影、音乐和互动技术。我向来只参加SXSW 互动大会，该大会在奥斯汀举行，为期 5 天的会议吸引了 4 000 多人来参加。

“吃了吗？”那个声音继续说道，“我饿了，你吃了吗？”《如何说得州方言》的原声带总能让我开心起来，主要是因为我只有在“县界”吃饭时才会听到。这意味着我又可以大快朵颐，一边享受最好吃的牛胸肉，一边和久别重逢的极客好友丹尼、玛尔塔、斯特凡、阿龙和凯丽相聚。我们每年都会来奥斯汀参加这一技术大会。酒足饭饱之后，我一边洗手，一边使劲儿用舌头剔牙，满嘴都是烟熏烧烤酱的味道。当我回到宾馆开始剔牙时，我才发现塞在牙缝里的牛肉还够做一个英雄三明治。

厕所的门吱吱嘎嘎地开了，一阵爽朗的笑声伴随着乡村音乐从餐厅里传来。“咔嗒”一声，门又关上了，声音也渐渐听不见了。一个将近30岁的硬汉走到小便池边，我对他点点头。他穿着牛仔裤、T恤衫和运动夹克，这种搭配在SXSW大会上很常见，而且应该是有技术背景的。他对着镜子也向我点了点头，这时我已经洗完手了。

“你也是来参加大会的。”他说道，眼睛盯着面前的墙。

“是的。”我把用过的纸巾扔到垃圾桶里，发出了一声金属撞击声，“我明天发言。”在参加SXSW大会时，我总是这样介绍自己，因为能够得到发言机会是十分难得的。这样说会显得有些骄傲自大，但来参加SXSW大会就是为了广交好友。互动大会上最常说的一句话就是“最有价值的会议常常发生在走廊里”，所以，我向来都是大胆地结交工作上的朋友，从不会害羞。

他冲了冲小便池，走到洗手台边上，“是的，我知道你发言。主题是关于你那本书。”

“没错。”他认识我，我感到很荣幸，“你读了吗？你又是怎么认出我来的？”这么多年来，我采访了成百上千名思想领袖，并对增强现实和人工智能等技术做出了一些颇有根据的预测。尽管我从2005年便走进了极客的圈子，认识了行业内的许多名家，但严格来说我还算不上有什么影响力。

“我是追随着你来这里的，约翰。我来SXSW是为了拜访一些人，你就是其中一个。”他把手伸进西装，掏出了自己的名片。上面写着“杰克逊·史密斯，谷歌公关部，press@google.com”。

几瓶孤星啤酒给我带来的快感瞬间消失了。我曾多次写到自己对谷歌和隐私问题的担忧。事实上，当一辆“谷歌街景”汽车从我在新泽西的家门口驶过时，我还曾经尾随过它。我把手机卡在车窗外面，录了一段“谷歌街景”汽车行驶的视频，但从来都没有胆子发布出来。不管怎么说，反正没有谁会在意的——除了我母亲会担心我一边开车一边录像不安全。

杰克逊看出了我脸上的害怕。“只不过想跟你说几句话而已。”他打开厕所的门，伸出大拇指，朝餐厅指了指，“请你喝一杯？”

“没问题。”当我从他跟前走过时，我盯着他的眼睛看了看，看他有没有戴着增强现实隐形眼镜。不得不称赞谷歌，我从来没有想到他们的第一代眼镜只不过是一种公关噱头，目的就是为了进一步激发有关隐私的争论，而他们也成功地做到了。如果你一只眼睛戴着极客范儿十足的摄影机，这简直就是找打，而不幸的是，已经有一些人因此挨打了。虽然我曾经大篇幅地写过谷歌眼镜利用面部识别技术挖掘人们的个人数据，但我永远不会赞同对穿戴该设备的人采取暴力行为。

“是的，约翰，”当我盯着杰克逊的眼睛时，他答道，“我戴着智能隐形眼镜呢。我正在读取你的生物识别数据，而且我可以看到你的心跳正在加速。”

我暗自骂了一句。可穿戴设备已经让情绪公开化了，就如同戴着情绪戒指似的。

我们走过十来张桌子，情绪高涨的技术爱好者们正大口大口地吃着超大份的肉，同时还尝试发自拍照或者用油乎乎的手发信息。我们走出了餐厅，傍晚的空气有些凉，然后径直往后面的露台走去，从这里可以看到公牛溪。杰克逊向服务生示意，“请来两瓶孤星啤酒。”

他倚在露台的栏杆上。我也倚在了上面，我们盯着时而浮现、时而躲进水里的一家子乌龟看了一会儿，气氛有些尴尬。

“所以我们希望你能不再议论人工智能，”杰克逊说道，“只要你只关注技术层面，而不去想道德或者广告方面的问题的话，增强现实技术是没有什么问题的。”

我盯着他看看，想找出一丝嘲讽的痕迹。但我只看到了轻蔑。

“你是认真的？”这时，服务员端来了啤酒，瓶颈上还挂着水珠。我们停顿了一会儿。

“是的。”他抿了口啤酒，没有按照男人喝酒的惯例碰一碰我的酒瓶，“你已经有些让人恼火了。我们已经做了一系列有关人工智能的视频剪辑，正准备向粉丝们推送，但你的一些想法让人们产生了困惑。关于这个话题，我们传达的中心思想非常明确：人工智能可能永远不会产生，而如果它真的产生的话，那也要四五十年的时间。除此之外，人工智能是一项非常伟大的技术，它的设计初衷是为了帮助人们，而不是伤害他们。”

一阵风吹过，附近的煤气灯发出了咝咝的声音。“不好意思，我只不过还是不能相信我们真的在讨论这个事情，”我说道，“你可是来自谷歌的人。你们就不能直接把我的作品链接删掉，或者改变你们的算法或随便怎么做吗？你们甚至可以通过某种方式，把它合法地变成被遗忘的故事？”

杰克逊大笑道：“约翰，你没有那么重要。我本来就要来参加SXSW大会的。有无数个像我这样的人在和各种不同的人谈话。所以，你不要觉得自己很特殊。我们有一些人负责调查我们可能会收购的公司，还有一些人负责跟有妄想症的愤怒作家打交道。我只不过是不幸被抽中了，仅此而已。”

“如果真是我妄想的话，那我们就不会在这谈话了。”我指出。

杰克逊笑了笑，“是的，但这感觉很像你文章里写的东西。另外，如果你真写了的话，也不会有人相信你的。”

我指了指自己外套里面。“但如果我从离开厕所就一直在用手机录音呢？”我拉起外套，靠近手机说，“来自谷歌的杰克逊·史密斯。”

他轻蔑地哼了一声，“就跟杰克逊·史密斯真是我的名字似的。如果你只是在录音，人们不会相信这是真的。而如果你也戴着增强现实的隐形眼镜录视频的话，我也不怕，反正我的眼镜可以阻止面部识别。”

我仔细看了看他的眼睛，“有红外线？”

“是的。”

“当然了，它们肯定会有！可恶的谷歌。”我抿了口啤酒，“嗨，那个说人工智能四五十年里都不会出现的视频剪辑是不是叫专家经验撷取？就是说，你们把人工智能领域最厉害的人集合起来，让他们全都给出自己的预测，然后你们再得出一致意见对吗？还是通过其他办法？”

杰克逊摇了摇头，“不是的，那太费时间了。我们根据认知偏差和预测算法做了一次内部报告。我们发现，四五十年的时间跨度是透露给媒体的最佳时间，那样他们就真的不会管我们在做什么了。这个时间足够具体，听起来有那么些可信度，而且也足够长，可以让大多数读者都以为这个新闻或许在他们有生之年都不会产生任何影响。”

我喝着自己的孤星啤酒，品味着我卡在瓶口上的酸橙的味道。

“真是一针见血。”我指了指他，“但你们在2013年收购机器人公司是怎么回事？多少来着，一共6个？那可是引起了众多媒体的关注，所以人们可能不会相信这个几十年的故事。”

“我们宣布的是一共8个，”杰克逊说道，“但多数情况下，媒体讨论的是这些机器人与亚马逊及其无人机等相竞争的事情。许多探讨都把注意力集中在了商业领域，而不是在人工智能上。”

“尽管你们的波士顿动力公司生产的机器狗可以和谷歌街景一样毫不费力地拍照片，但它比谷歌街景汽车更能靠近我的房子。现在，你只需把它们变得比贝佐斯的配送无人机看起来更可爱就行了。”

这时，邻桌一群二十几岁的漂亮姑娘大笑起来，我俩都抬头看了看。她们穿着索尼T恤衫，头上戴着GoPro运动摄像机。在SXSW大会上，一切都带着品牌标志。至今还没有人发给我们印着公司商标的闪存盘，这让我很惊奇。

“没人在乎你的房子，约翰。”他转过头来看我，“但当你提醒人们，相比人工智能来讲，我们更关注广告，这时我们就比较在意了。人们应该把注意力放在技术上面。”

“对广告的‘关注’？”我哄笑道,“你们可是一家广告‘公司’。这都在你们的财报网站上写着呢——‘该公司主要的收入来自在线广告收益。’”

“好吧，聪明的家伙。调查工作做得不错。但我们也在不断多样化，我们在机器人方面的工作不容小觑。”

“别忘了谷歌的‘潜鸟计划（Project Loon）’。我很喜欢那些热气球，它们一方面给第三世界国家提供免费的无线网络服务，另一方面，也在大肆收集他们的个人数据。”

“你就真的这么愤世嫉俗吗，约翰？你觉得我们有那么邪恶吗？”

“差不多吧。你们辩解说，隐私已经死去，但很显然，隐私仍然大有赚头。”这时，有个“索尼姑娘”打断了我们，递给我一个印着她们新电脑商标的闪存盘。她转过头去，一股草莓的香气从她头发中散发出来。“在那个谷歌教育应用程序的争议中，你们挖掘学生的数据。那是你们自己预谋的，谷歌街景和‘Wi-Spy’频谱分析丑闻亦是如此。你们一直让人们把注意力集中在搜索上，而忽略你们在挖掘他们的数据这一事实。这就跟凯文·史派西在《非常嫌疑犯》中说的一样：‘坏蛋耍的最大的花招就是让人们相信他并不存在。’”

杰克逊咔嗒咔嗒地玩弄着他的索尼闪存盘，它的形状宛如一个迷你小电脑。“从没看过那个电影。这句话说得倒是不错。”

“你真该看看。”我说道，注意到乌龟中间游来了一群鸭子。穿着帽衫的一群年轻人向它们扔面包，当砸到一只鸭子的脑袋时，他们大笑起来。

“你看，约翰，我们只需要再有大概两年多的时间，就能完成我们的人工智能战略了。对于是使用语义方法还是贝氏定理来打败图灵测试或者其他试验，学术界一直在互掐，但我们真的不在乎。以强力方法解决了数据问题就可以解决许多其他问题。如果我们只关注书面搜索查询的话，这或许是个要考虑的问题。但对于我们在做的这一切，大多数人都会认为我们的算法是有感知力的，因为他们想这样以为。”

“是的，因为你们已经借助谷歌眼镜有了视觉的东西，有了车里的面部识别数据，还有鬼才知道的和物联网相关的东西。”我打断了他。

“正是。我们没有必要根据人们所写的东西来弄清楚他们的想法。我们会测量他们的面部表情，检查他们的上一封邮件，记录他们开车去哪里。90%的情况下，我们的推断都是正确的。而对于广告这类的东西，我们还会给出建议，这就可以消除剩下的10%的误差。这才是图灵测试的真正魔力所在。它是人工智能最好的营销手段，因为人们非常想知道自己能否被技术的花招所欺骗。”他指了指我，“但如果人们掌握自己的数据的话，这一切便不可能发生。所以，不要再写有关个人云端数据的东西了。一旦人们意识到我们如此频繁地使用其数据，他们就会被吓跑，然后躲在幕后观望。”

“不然呢？”我喝完最后一口啤酒，把酒杯放在旁边的盘子里，“如果我不停止写，会怎样呢？”

他耸耸肩，“我们会杀了你。”

我没有立即回应。

杰克逊拍拍我的肩膀，“跟你开玩笑的，约翰。我们不会采取任何官方措施。沉默是我们最有力的武器。你曾在公关行业待过，你知道那些手段。让他们从我们的行动中随意揣测，把他们分成两个阵营——谷歌迷或是疯狂的浑蛋。当然，你属于后者。”

“所以，你们不会在我的文章排名等问题上面搅局？”

“这是有可能的，跟对待其他任何人都是一样的。有时候人们会忘记我们不是某个公共设施，我们不是公共图书馆，我们是个企业！我们经营着人类所知的最大的搜索引擎，而且它还是我们创造的。这是范式中的范式。所以，要更改跟你文章排名相关的算法之类的东西是再简单不过的事了。”

我点点头，突然间感到自己非常渺小。

杰克逊注意到了我的表情。“但你别灰心，约翰。你随时可以找别人的碴儿。比如，IBM怎么样？他们的沃森研究比我们更加关注自动化，至少公开的情况是这样的。他们让很多的医生失业了，数量比医疗事故引起的还要多。”

我耸耸肩，“我有几个朋友在IBM工作，所以我猜我一直避开他们就是因为这个。”

“这么说，你也有朋友在谷歌工作。几年前，你曾来过我们的纽约办公室看望一个朋友。”

“是的，没错，”我答道，“在我们说话时，她看起来不大热情，非常疲惫。对于我写的那篇文章，从她给的每个答案中，我都感觉到有大概十多个保密协议的存在。”

“保密协议？”杰克逊笑道，“你开玩笑呢？在谷歌？在新入职的三个星期里，我一直都在接受有关保密协议的媒体培训。这是针对每位员工的培训，不只是像我这样的公关人员。不然，你觉得我们为什么一直在推送有关沉思的东西，并向媒体透露职工福利的信息？因为那是唯一能够应对潜在的知识产权泄露压力的办法。正念是话前思考的绝佳工具。”

“当然，你现在就在向我泄露这些细节，我可以把它们写下来。”我指出。

“没人会在乎的，约翰。你会听起来像个有妄想症的怪人。另外，正如我前面说的，你会让人们疑惑的。”他指指旁边的水，“人们希望事情简单。鸭子是坏的，乌龟是好的。就这样简单。”他指指自己，“要么谷歌好，要么谷歌坏。这才是媒体比较欣赏的故事。”他又指指我，“没人想要难以理解，甚至更难实施的潜在解决方案。这样做出来的新闻是没有价值的。”

他让我无话可说。一名服务员端着热气腾腾的排骨从旁边走过。“对了，”我说道，“你们纽约办公室的自助餐厅真是令人吃惊。我吃了一份思慕雪和一份煎蛋卷，一共才花了大概 7 美元。”

“是的，我们的饮食是全世界最好的。”杰克逊表示赞同。

“所以，当谷歌、亚马逊和IBM用机器人让所有人都失业后，我们一家子可以住在你们的办公室吗？那样的话，我就可以追求自己的爱好，享受你们的技术专家所说的自动化能带来的所谓的好处，可以吗？”

“不行。”他摇摇头，“我们并没有创造资本主义，约翰，我们只是在利用它。当机器人接管所有人的工作时——反正这是不可避免的——我们还是要印钱的。我们之所以雇用库兹韦尔，是因为奇点是个非常强大的神话，能够让很多书呆子夜以继日地在谷歌总部工作。这样，他们就可以构建出我们所需的可以自我复制的算法，然后我们再把他们解雇。这就是生命循环。”

我点点头，“很残酷。我能理解你们为什么要推送那些正念的东西了。”

他耸耸肩，“我是谷歌内部的人，约翰。而其他所有人，包括我们的许多员工，他们只不过在努力往里看而已。所以，你可以假装自己在做调查新闻，假装你做的有用。你也只不过和其他所有的猴子一样，趴在窗前，隔着几步远的距离，试图猜测我们下一步将会做什么。”他盯着我看了很长时间，然后走开了。

“那么，每天在你们自助餐厅吃一两顿饭如何？”我在他身后喊道，“或者来点儿能多益巧克力馅饼？”

“不行，”他答道，没有回头，“能多益仅限内部供应。”

“那好吧，”我对自己说，看着那群鸭子从穿着帽衫的家伙跟前游过，一面尖叫，一面逃离，“那就说明你们坏。”

人工智能正在塑造更好的“消费者”

萨加尔：嗯，那我再问一个问题。谷歌有个著名的口号，叫“不作恶”，对吧？你们是怎么想出来的？

施密特：哦，那个口号是拉里和谢尔盖发明的。他们的想法是，虽然我们不怎么了解什么是恶，但如果我们有个“不作恶”的规定的话，那员工可能会说：‘我觉得那是恶。’我今天在这里露脸，我觉得这是最最愚蠢的一条规定，因为可能除了《圣经》或其他类似的书上，还没有什么书能讲什么是恶。

——选自美国国家公共电台节目《等一等，先别告诉我》，主播皮特·萨加尔，谷歌嘉宾埃里克·施密特，2013 年 5 月

2004 年 7 月 26 日，谷歌向美国证券交易委员会上报了 2004 年度公开招股说明书。这是私有公司上市的必要文件之一。通过该说明书，准备上市的公司可以向股东宣布其公司愿景和道德理念，以及所要求的财务细节。

下文节选自谷歌的一篇题为“不作恶”的文件，在美国国家公共电台的采访中曾谈论道：

不作恶。我们坚定地相信，从长远来看，一个为这个世界做好事的公司，哪怕它会放弃短期的利润，也是会给我们（作为股东并在其他方面）带来好处的公司。这是我们公司文化的重要组成部分，得到了公司内部的广泛认可。

而作恶又指什么呢？很多人在引用谷歌的“不作恶”规定时，都会把上述这段话的其他部分省略。从这个语境来看，把短期利润

当作公司的愿景即为“恶”。而为了“为这个世界做好事”，牺牲短期利润是制定企业战略的优先指导原则。

根据韦氏词典，“myth”（神话）一词有两层释义：

1. 古代文化故事，意在对某种做法、信仰或自然事件做出解释。

2. 很多人相信的某种想法或故事，通常不是真的。

就谷歌及众多支持基于监控的广告的公司而言，这两层释义很好地解释了为什么说就人工智能而言，我们正处于人类历史的转折点。

首先，尽管很容易把谷歌妖魔化，但我没有任何理由怀疑谷歌创始人希望“避免作恶”的基本原则。而如果哪天他们真的派人威胁我的话，那我要说清楚几点：

1. 我会知道我成了一名真正的作家。

2. 如果对峙时还有烧烤和孤星啤酒的话，那简直太酷了。

3. 我们双方都可以对我的妄想一笑了之，然后畅谈宣扬人工智能道德伦理的事宜。

我相信，脸谱网和硅谷的大多数公司也不希望“作恶”。但搜索技术或基于机器学习的人工智能和广告捆绑在一起的事实却意味着我们这个体系是在短期利润的驱动下运行的。根据谷歌的说法，这正符合该公司对“恶”的定义。这也说明谷歌自己定义的企业精神已经成为过去，因为当前推动人工智能技术发展的动力不是帮助我们成为更好的人，而是成为更好的消费者。我们的个人数据就是促进短期利润上涨的燃油。

第二，正如我在本章开头的虚构故事中提到的，奇点的神话具有强大的力量和丰富的哲学含义。对于机器何时能获得感知能力，或者我们何时能实现强人工智能，我们尚且无法达成共识。然而，如今有很多人相信，为基于偏好的广告创造的算法正对人工智能整体的未来产生着决定性的影响。这是个非常危险的神话。正如知名技术专家、《互联网冲击》一书的作者杰伦·拉尼尔在Edge.org网站对其的一次采访中指出：

> 我们很难判断在这些体制下，测量与操纵的界限在哪里。如果按照理论上的说法，我们可以通过观察很多人的决定而获得大数据，然后分析此数据与更多人的相关性，从而提出一些建议。如果这些人中的大多数是在这个体制中成长起来的，并且对所给的任何建议都积极响应，那么我们就无法再获得足够多的新数据。因此，即便是最为理想或最为智能的推荐引擎也不能给出任何有意义的建议。这与其说是恶的兴起，倒不如说是无意义的产生。

谷歌及其他推动此类人工智能发展的公司已经觉察到了这种无意义。这是他们极力反对个人数据透明的主要原因。就个人信息而言，模糊的条件与条款或隐私保密政策是一种比过程公开简单的策略。如果能在互联网无限的广告领域中对他或她进行跟踪，那又何必费劲与顾客建立关系呢？

而我对这种无意义的担忧在于，它歪曲了人们对幸福的追求。对个人的真实或虚拟活动的无所不在的操纵会造成一定的负面影响。我在Mashable网站上发表过一篇文章，题目为“如果我们不控制自己的数据，人工智能便在劫难逃”。我在文章中写道：“那些专门赶在我们之前了解我们意图的个性化算法，构成了互联网经济的支柱……基于广告的人工智能通过购买渠道限定了我们的生活，在这些渠道中，我们的欲望只有在和投资收益存在联系时才会有存在的意义。”如果我们正朝着自动化智能掌控我们大部分生活的未来前行的话，那么我们有必要摒弃把购买当作主要功能的偏见。

关于自动化与人工智能之间的关系，我相信在不远的将来，我们的个人数据可能对收集数据的体制不再有用处。换句话说，我们的生活将不再被看作对这种无意义有贡献价值的因素。一旦算法发现其操控可以有效地引导我们购物时，我们便只有在能够买得起他们推荐的东西时才会对该体系有价值。如果支撑互联网经济的人工智能体系关注人类幸福的增长的话，那么衡量成功的标准便要建立在“意义”（purpose）而非“购买”（purchase）的增长的基础上。同时，由于追求幸福的旅程贯穿了我们的一生，因此，这种衡量标准还应该是不受限制、无穷无尽的。可悲的是，谷歌等公司已经偏离了其基本价值观，并选择了短期利润的神话作为其发展途径。

与人类价值观保持一致的人工智能

以下是促成人工智能神话诞生的几个事实因素：

• 没有人知道机器是否或何时会具有感知能力，或者获得通用人工智能（AGI），通常也被称为强人工智能。

• 该领域的大多数专家都明白实现强人工智能的困难，并且常常因为普通大众对其可能的到来怀有“非理性的恐惧”而感到恼怒。

• 关于人工智能的创造，尚未形成共同的道德准则或政策。

对于工作在语言分析或机器人领域，且对人工智能的大肆宣传感到疲倦的科学家和程序员，我抱有深切的同情。这种言论很无聊，导致了两种极端看法的产生：即人工智能要么完美无缺，要么一无是处。你要么是技术的拥护者，为人工智能所能带来的巨大好处而兴奋不已，要么是观念陈旧的勒德分子，到处散布恐怖信息，阻碍创新。这两种极端想法都不利于驱散人工智能的神话。多数人工智能专家同时也是伦理学家或经济学家，他们所接受的训练或任务，并不能让他们对其当前工作产生的所有可能后果都予以关注。最后，人工智能领域广阔无穷，它包括了多个垂直行业和多种应用，这让建立一套统一的行业标准变得更加复杂。

然而，还有一点是人工智能领域没有广泛讨论的，它让公众有正当的理由害怕：对于如何控制自动化机器或驱动机器运转的算法，我们尚未建立统一的准则或标准。在这里，“控制”指的是人类干预或关闭机器的可能性，这涉及军事人工智能、医学人工智能、基因组人工智能等领域。

一直让我很惊讶的是，人工智能开发者有时会开玩笑说，如果机器开始失灵或者做出意料之外的事情，那么他们只要“拔掉插头”就可以了。这句话本身就存在着重大的疏漏，除此之外，很多科学家和程序员所创造的系统，使用的都是自动化的设计。根据定义，这些算法应当表现出未经程序设计的行为。而这些程序的运行速度也迫切要求我们弄清楚，如果危机一旦发生，人类干预如何以及何时能够发挥作用。

我曾接受《赫芬顿邮报》一次关于人工智能的网络视频（Huff Post Live）采访，该视频题为“为何毫无限制的技术会带来灾难”。视频的制作是受到知名科学家斯蒂芬·霍金发表的一篇帖子的启发，他先前曾表达了自己对于人们不把人工智能当回事儿的担忧。文章最后，他指出，“那么，面对未来这些无法预估的好处与风险，只要有专家们在想尽一切办法以确保取得最好的结局，这就够了，对吗？错……我们所有人都应该质问自己，现在我能做什么，才能尽可能地获得益处而避免风险。”

平心而论，我们常常听到人工智能领域的专家们说，在未来四五十年里，通用人工智能或强人工智能是不大可能出现的，对此我在开头的故事片段中已有所提及。他们会举出无数的例子，说明要达到那个地步还需要克服多少障碍。但是，这种行业内部对具有感知能力的人工智能所持有的谦虚态度，分散了公众对现今自动化系统中存在的缺点的注意力。

例如，现在已经有大量的军事人工智能应用在了无人机和导弹打击上面。正如《纽约时报》刊登的一篇题为“可以挑选袭击对象的炸弹令人生畏”的文章所指出的那样，这些武器应用了传感器以及使其能够在部署之后做出瞬时决策的技术，“随着这些武器变得越来越智能、越来越灵敏，评论家们开始害怕它们会变得越来越难以控制”。而这还和机器获得感知能力没有任何关系。这里所涉及的，还只是如何尽可能多地了解可能出现的诸多情况，在此基础上创造自动化系统，从而让这些系统能够根据人类的意图做出反应。

令人惊奇的是，关于弱人工智能或强人工智能的讨论，大多会从对艾萨克·阿西莫夫的“机器人学三大法则”的探讨开始，该理论于1942年在阿西莫夫的短篇小说《转圈圈》中提出。阿西莫夫最终又在三条法则的基础上加上了第四条法则①：

0.机器人不得伤害人类，或目睹人类将遭受危险而袖手不管。

1.机器人不得伤害人类个体，或目睹人类个体将遭受危险而袖手不管。

2.机器人必须服从人给予它的命令，当该命令与第一法则冲突时例外。

---

① 即“零规则”，超越了此前的三大法则。——编者注

3. 机器人在不违反第一、第二法则的情况下要尽可能保障自己的生存。

尽管这些“法则”为人们探讨应该如何创造自动化系统提供了一个起点，但令人心酸且具有讽刺意味的是，阿西莫夫创造出这些“虚构”的法则，试图以此说明它们所体现的道德难题。例如，多年来，无人机机器人一直在军事行动中杀害人类。这一下子就推翻了阿西莫夫的所有法则。这生动地说明，我们不能再依赖这种神话来推动人工智能行业的管制了。

伦斯勒理工学院认知科学学院院长塞尔默·布林斯约尔德在本书的一次采访中指出：“问题说起来真的很简单。在医疗卫生领域，我们绝对希望机器人能够给人类带来伤害和疼痛。”布林斯约尔德举例说，医用机器人必须能够给病人打针或者做一些小型手术，而这就会给人带来疼痛。他研究的一个重要内容就是关注机器人在什么情况下可以充当战时医务助理的角色。这也说明了为何我们需要立刻用人工智能科学家能够普遍采用的标准来取代那些任意虚构的法则的原因。这种指导方针必须根据机器人或算法的使用语境考虑道德因素，并直接编入运行系统中。这意味着，对于机器人或硬件，这些道德伦理指导方针不会被购买者或使用者以程序员设计之外的方式轻易地进行更改。正如布林斯约尔德所指出的：“你不能简单地在某个软件上加一个代码模块——拥有部署权的人只会把它扔掉。”

这些想法代表一种“机械化道德思维”，对此，布林斯约尔德在其论文《从机械化道义逻辑到道德机器人》中做了详细阐述。道义论研究道德义务，且正如其文中指出的，“要构建行为端正的机器人，其中一种方法强调在机械化形式逻辑的行为、义务及可容许性的基础上进行仔细的道德思考”。其中的关键正是这种“可容许性”——机器人只可以依据程序员编写进其运行系统中的具体道德参数做出反应，而不是让自动化智能根据某些模糊甚至是自相矛盾的法则运行，比如阿西莫夫提出的法则。

这正是大多数人工智能程序员不愿处理这些道德问题的真正原因。这些问题实在是太难了。

但对于人工智能程序的运行，也存在着某些不变的东西，对人工智能道德规范的建立会有所帮助。对此，著名科学家史蒂夫·奥莫亨德罗在其文章《自动化技术与更远大的人类福祉》中已经提及。他因在机器学习和人工智能的社会影响等方面的研究而为人们所知。他指出，大部分的自动化系统都具有“以自我保护、资源获取、复制和高效为统一驱动目标”的特点。对于人工智能来说，这些细节特点是有好处的，能为我们提供一个实际框架来弄清楚如何约束系统，从而避免产生人类干预控制之外的危害，而不是去研究如何限制创新。

我说的“失灵的神话”就是这个意思。没错，利用C程序设计语言可能产生的错误或许比其他种类的代码要多，但人类在创造人工智能技术方面会犯错误，这已经是个已知前提。我有个程序员朋友，在一家大型出版公司工作。当我们谈到人工智能时，他说人们如果看到代码错误百出，一定会惊恐不安的。用他的话来说，“如果把编写代码比作建造房屋，那我们永远只能住在一层的建筑里，因为其他的一切都会倒塌”。

对此，我们更大的担忧在于，在封闭或受保护的系统之外进行“学习”的软件创造尚且缺乏行业标准。打个比方，想象一种身体病毒，它非常危险，且有可能致命。但如果把它控制在医院里的话，它就不会产生大范围的危害。自动化系统与此类似。奥莫亨德罗在文章中用古建筑家们修建石拱的过程来比拟创造安全的人工智能系统的过程：在不使用木模板的情况下修建石拱，不仅危险，而且效率低下。但如果先搭建木质结构，然后把石头嵌进去，建筑家就可以更加安全地工作。他在文中写道：

> 我们可以采用类似的方式来发展自动化技术。我们可以先构建一系列可以证实很安全的自动化系统，然后将之用于构建更为强大且限制更少的后继系统。之前的系统用来模拟人类价值观和治理结构。同时，它也用来证明安全性及其他更为复杂且限制更少的后继系统可能需要的特性。这样，我们便可以逐层地建起强大的技术高楼，从而更好地为人类的福祉而服务，而且在发展的过程中也不会存在较大的风险。

值得庆幸的是，奥莫亨德罗的观点逐渐引起了人工智能领域的注意，而且统一控制自动化系统的概念也渐渐获得关注。加州大学伯克利分校计算机科学和工程学教授斯图尔特·拉塞尔赞同奥莫亨德罗的观点，认为智能系统将会竭力获取完成指定任务所需的任何资源，以保证其自我的存在。在针对Edge.org网站对杰伦·拉尼尔的采访的一篇评论中，拉塞尔从实用主义出发，号召人工智能行业避免陷入进一步的神话误导：

> 整个领域里还没有人号召对基础研究进行规范。鉴于人工智能可能为人类带来的好处，目前这种做法似乎是行不通的，而且走错了方向。正确的做法似乎应该是改变领域本身的目标，我们应该开发可以被证明能与人类价值观保持一致的智

能，而不是纯粹的智能……如果我们能明白这个问题是人工智能内在本质的一部分，就好比遏制政策是现代核聚变研究内在本质的一部分一样，那么我们还是有理由保持乐观的。我们不能把这个世界带往不幸的结局。

当然，若要创造“可被证明能与人类价值观保持一致”的人工智能，人类应该首先弄清楚要把哪些价值观编入对我们生活的影响日益深入的机器中。同时，我们每个人也要追踪并梳理个人的价值观。而且，我们还要确保每一个创造自动化系统的人，能够以和开发核技术同样强的责任心来对待自己的工作。

这里有一些好消息——在本书初步定稿时，奥莫亨德罗、拉塞尔等思想领袖，以及众多人工智能领域的专家共同签署了一份请愿书，由未来生命研究所编写，名为“稳健有益的人工智能的优先研究项：一封公开信”。文中包含一个关于优先研究项的文本链接，突出强调了人工智能领域应该关注的诸多问题，例如道德问题及有关遏制的想法。以下是摘自此公开信上的一段话：

人工智能研究取得的进展证明，先前的研究仅仅关注如何让人工智能更加强大，而如今正是开始关注如何让人工智能的社会效益最大化的恰当时机……我们建议扩大研究范围，确保越来越强大的人工智能系统既保持勃勃生机，又能带来好处：我们创造的人工智能系统必须能做我们想让它们做的事情……这类研究必然是跨学科的，因为它涉及整个社会和人工智能，包括经济学、法律、哲学、计算机安全、形式方法等，当然也包括人工智能本身的各个分支领域。

关于这封请愿书，后文还会详细论述。但这里有必要提一下，请愿书中的优先研究项列表为研究人工智能提供了一系列卓越的指导方针。我尤其喜欢该文第 2.4 部分的条款，重点讨论了人工智能经济效益的最优化：“实际人均国内生产总值等经济衡量方法可能无法精确地反映深度依赖人工智能及自动化的经济所具有的优缺点，从而说明这些度量指标不适合用于政策的制定。研究优化的度量指标可能更有利于决策。”

对此，我非常赞同。就人工智能和我们的未来而言，这份文件使我燃起了前所未有的深切希望。然而，对于该文档的这一条款，我可以做进一步补充，不管是人工智能经济，还是以人为中心的经济，实际的国内生产总值都“绝对无法精确地捕捉”其广度。或许，谷歌和人工智能领域中的好人能够通过某些算法一劳永逸地证明追逐短期利润不能带来未来的幸福。这个神话蒙蔽我们的全局意识的时间已经够长了。

算法不仅仅是毫无害处的代码

算法的创造需要道德的指导，这种想法似乎有违直觉。毕竟算法看起来只不过是毫无害处的代码而已。但是，我们应该把重点放在梳理我们不想失去的人类价值观上面，而不是担心将来的某天人工智能机器会统治世界。

以下是本章要点总结：

广告驱动的算法导致了无意义的产生。这里所说的无意义既是字面意义，又是比喻意义。除了人类在创造这些系统中的算法时所犯的错误之外，大多数程序都可以被黑客轻易地侵入。数据代理商向出价最高者出售我们的信息，而整个系统都是以购买为基础进行推测，而不是以意义为基础。如果人类终将被机器斩草除根的话，那我们至少应该努力不让这成为一场受市场驱使的大屠杀。

我们应该在生存危机来临之前制定道德标准。如今，大部分的人工智能都正以不断加快的速度发展。因为在我们决定它是否“应该”被开发出来之前，它是“可以”进行开发的。在整个人工智能行业，程序员和科学家们既需要经济激励，又要遵守道德标准，这要从“今天”开始。未来生命研究所的请愿书为这方面的探讨开了个很好的头儿。

价值观是未来的关键。不管是否违反直觉，人类的价值观都需要被编入人工智能系统的核心，从而控制它们可能带来的危害。没有什么简单的变通方法。我们要用务实的、可扩展的解决方法，取代那些像阿西莫夫虚构的机器人法则或谷歌已经过时的使命宣言一样出于善意的神话。

或许人类与机器合为一体是我们注定的命运，但因为计划不周而产生的生存威胁可能会带来资源被摧毁的风险，而这可能让所有相关方一同毁灭。只看重眼前利益的短浅目光正一步步无情地把我们推向毁灭。是时候把价值观当作我们工作的基础了，不管是以生物还是机器的形式，它都可以增强我们长远的幸福感。

HEARTIFICIAL INTELLIGENCE

第 5 章　机器人还没有道德观

2014年5月
俄亥俄州哥伦布市

深夜。郊外的一栋房子里，走廊上的指示灯变红，闪了5分钟。刚开始很慢，后来越闪越快。5分钟之后，是一阵低沉的嘟嘟声，淹没在楼下起居室里传来的《吉米今夜秀》节目里的笑声中。指示灯最后发出了长长的红色闪光，然后灭了。

2014年8月
马萨诸塞州萨默维尔市

“斯科特，我听到你说的了，我觉得你反应过度了。”托马斯边说边解下他绑马尾的发带，“说到底，这只不过是个真空吸尘器而已。”

斯科特·兰利是Homebo机器人公司的一名程序员。他揉了揉眼睛，不知道在凌晨3点要等多久才能坐上车。他想象着自己在地铁红线等车的场景，叹了口气，说道：“那是个自动充电的真空吸尘器，托马斯，问题的关键就在这里。它能连上电网、互联网，进行固件升级。所以，虽然我同意你说它只不过是个真空吸尘器，但它还是个非常强大的、可以联网的设备，住在人们的家里。”

托马斯仰起头，抖了抖头发，又向前倾了倾身子，拿过噙在嘴里的发带，开始重新整理自己的马尾。“我们已经解决了平衡传感器的问题。加速计也已经通过反复测试，把精确度控制在了94%，能够识别出地板上的微小变化。所以，这些机器人不会再像测试版那样摔下楼梯了。”他皱着眉头接着说道，“当我看到YouTube上普林斯顿大学的男生在聚会上举行Homebo机器人赛跑，而其中的一个摔下楼梯的视频时，我吓得魂儿都没了。”

斯科特喝了一口新打开的红牛，脑子已经开始嗡嗡作响了。“是那个机器人撞到猫的视频吗？”

“是的，”托马斯说道，“虽然没有致命，但至少有几十个爱猫狂人的评论让我们的律师捏了把汗。”他指着斯科特，“是你解决了那个问题。所以，你只要再解决一次就好了。现在就去办。”

斯科特清了清嗓子，慌了神，“这次不只是一个传感器的问题，托马斯，我刚才已经解释过了。这是核心功能的问题。原来的Homebo机器人在无法充电时会自动关闭，因为我们的程序就是这样写的。但现在它们会自己跑到充电站充电。YouTube上已经有几十个这样的视频了。”

“你有没有看到父母给机器人装上兔子耳朵的那个视频？”托马斯说道，“就是孩子们在复活节早上醒来后以为四处的彩蛋是真空吸尘器放的那个视频？孩子们都快高兴疯了。那个视频获得了那么高的点击率。公关部的人跟我说，那个视频差点儿让我们登上《艾伦秀》。要真是那样的话，就太好了。”

斯科特停顿了一会儿，理了理因为缺乏睡眠和吃太多营养助剂而变得模糊的思路。托马斯不是程序员，也不是数据科学家，他是业务开发的负责人。他曾帮助两家公司成功上市，其中的一家让他有了技术领域的工作背景。斯科特是个程序员，他常常觉得很难向非技术人员解释清楚，想要从机器那里获得预想的结果不像听起来那么简单。这要先了解一个人真正想要的结果，然后再进行反推，努力使之实现。这个部分是很难的，因为人们——尤其是业务开发人员——想要的往往是立竿见影的解决方案，但却不理解编程是怎么一回事。

就拿真空吸尘器机器人这个例子来说，像托马斯这样的人总是容易忘记，安装Homebo机器人的家庭有着各不相同的情况——室温差异巨大，这会影响电路；供电情况不一样；而且不同人家里的灰尘量、过敏源从来都不一样。所以要对该机器的操作系统做出统一更改是一件非常费劲儿的事情。托马斯没想到这点，因为在他看来，固件联网这个事儿只要总部下达一项指令，所有的机器便都可以进行升级了。但这种测试不足的“一刀切”思维会带来巨大的风险。

“斯科特，你在听吗，哥们儿？”托马斯说道，“我知道你累。我们都累。我还在修改隐私权协议的第三稿，等你给机器升级完了，我们就要发布的。”他咧嘴笑笑，“当然，没人会看的，尽管我们要求他们‘经常去网站查看条款与条件协议的更新’。哪怕我们在协议里说我们已经在产品上装了摄像头，而且会录下他们的性生活，他们也不会发现的。”他看看手机，快速回复了一条短信，“律师还是有些作用的。”

斯科特看看自己的电脑，欣赏着自己新编写的代码块。在他还是小孩时，他曾经拉过小提琴，有时候会觉得那个音符和他如今写下的数字非常相似。当一串串字符能表达一定的意义时，他的这种感觉便会更加强烈，就像从大脑中谱写出来的乐章一样，供耳朵享受。尽管他明白在写下代码之后还要进行数十次的测试，但当这些数字在他脑海中被敲出来时，他就知道某个切实的项目或产品的基础已经打好了。能够把数学逻辑和物理原理变成能跟这个世界进行交互的东西——那些存在的、有生命的东西，这是极具创意和成就感的事情。他拥有这种能力，但托马斯没有，这也是斯科特看不起他的众多原因之一。

而且，托马斯还是个狂妄自大的浑蛋。

“这就是那个代码吗？”托马斯把斯科特从椅子上推了下来，指着电脑屏幕问道。斯科特猛地往起一站时，撞到了自己的胳膊肘。

“是的，”他说道，一边揉着自己的胳膊，“这是新的算法，可以防止机器人的主基板一直处于运行状态。”

“不错。”托马斯拖动鼠标往下滚动，“这看起来不错，这么长。”

斯科特一脸苦相，“没有谢谢吗？”

托马斯不再滚动鼠标，站起来，盯着斯科特说：“可以运行了吗？”

“这个算法吗？”

“是的，当然是这个该死的算法了。两天前就该搞定了，斯科特。我之所以没有开除你，就是因为你是先前开发出Homebo的原始算法的金童。但也正是因为你，当我们的设备一直在掉电，亚马逊上出现如此多的负面评价之后，我还要面对我们一个大风投的质问，跟他解释为什么比原计划晚了这么久。自动去充电站充电看起来还是挺酷的，但当你下班回到家，本想着起居室会一尘不染，可以举办派对，却发现吸尘器停工了，那时你才感到愤怒呢。”

“这个故障我可以修好，托马斯。这跟用户所处地点的电网不同有关。”

托马斯举起手，打断了斯科特的话，“我不管，斯科特。我就是不能再看到有愤怒的顾客说我们的机器人应该叫作Homeblow（毁家）。如果算法写好了，那就开始运行。”他指指斯科特，让他坐回到椅子上，斯科特照做了。

“你是说，现在？”斯科特用手指了指电脑屏幕，“我还有很多错误要修正呢。”

“就是现在，斯科特。我会一直在这儿站着，直到我看到什么执行命令为止。最好能够在东部时间明早9点把新算法下载到人们的机器里。新的隐私协议会在5点半批准通过，这样就可以给关心此事的人们留出阅读的时间。当然，还得在他们睡醒的前提下。”

斯科特沉默了，把自己的手指关节摁得啪啪响。托马斯凑了过去，都快贴到斯科特的脸上了，斯科特甚至都能从他的口气中闻到晚餐时送到会议室的印度菜的味道。

“斯科特，我们这个由麻省理工初创企业和硅谷组成的圈子很小。虽然今天你很抢手，因为你是这个有利润前景且能代表家用物联网概念的产品的主要程序员，但是如果你不立即把这个新算法推送出去的话，我会保证永远没有人再雇用你。我知道你觉得我是个傻瓜，但你错了。我只不过不是程序员而已。你这么骄傲自大地以为你的技术会让你再找到工作，但你不知道如何把你所做的推广出去。没错，在后台，你是主力。但为我们找到资金并支付你薪水的人可是我。我还可以开玩笑，说你就是那个不让我们准时发布的神经兮兮的书呆子。那样，就没有谁会再关心你的技术了。或许我还可以提到你是那个专注于向世界提供免费服务的开源小组的成员，这肯定会让投资者紧张的。可能信息想要免费，但投资者更喜欢收费。”

他轻轻敲了一下斯科特的鼠标，电脑屏幕又亮了起来，“我说完了，把算法发出去，不然我就让你看看我是不是在开玩笑，斯科特。看看我要用多长时间可以把你毁掉。”

斯科特愣住了。他望向窗外，看到有人在深夜沿着查尔斯街骑行，脚踏板上的反光片在漆黑的河面上闪烁着微光。然后，他看到了窗户上映出的自己的脸——眼睛肿得像有瘀伤，脸上汗津津的。为了让机器人运行，他工作太拼命了。他投入了那么多，他们逼得这么紧。

他深吸了一口气，把椅子往前挪了挪，开始敲键盘。几分钟后，他按下了回车键，抬头看了看托马斯，“做好了。机器人需要连接才能进行固件升级，但已经做好了。一旦连接，最多只需要四五分钟。”

托马斯点点头，“谢谢，斯科特。”他转过头来，“下次我再让你做这样的事情时，我们就别这么矫情了，好吗？我已经说过了，聪明人，这只不过是个该死的机器人而已。”

2014 年 11 月
俄亥俄州哥伦布市

深夜。郊外的一栋房子里，走廊上的指示灯变红，闪了 5 分钟。刚开始很慢，后来越闪越快。5 分钟之后，是一阵低沉的嘟嘟声，淹没在楼下起居室里传来的《吉米今夜秀》节目里的笑声中。指示灯最后发出了长长的红色闪光。然后，变绿了。

上一代Homebo吸尘器都是预先充电的，这是用户指出来希望其具备的功能。但对于把机器人插在坏了的插座上的人来说，这个自动充电功能的魅力就大打折扣了。尽管大部分用户不会遇到Homebo吸尘器因为没电而停止工作的问题，但那例外的一小部分人的抱怨声不容小觑，足以促使公司对其算法进行更新。而现在，只要Homebo吸尘器插在标准的交流电插座上，不管插座工作与否，只要家庭断路器通电，它就可以实现充电。这样一来，机器人总是可以找到电源充电的，用户就不会碰到麻烦或者抱怨了。

凌晨12点05分，俄亥俄州哥伦布市的一个Homebo机器人吸尘器无法从自己现有的插座上充电，但由于有了新的算法，它便可以抢夺旁边卧室里的充电电源，而这里唯一正在运行的电器是一个婴儿监视器，而且监视器的备用电池也没电了。凌晨1点30分，婴儿监视器没电了。2点30分，在监视器旁边的婴儿床里，小婴儿因为吐奶而被呛得发不出声音，当妻子不在家时负责照顾小婴儿的父亲在楼下的电视机前睡着了。他没有听到女儿的哭声。

被扭曲的算法

> 人工智能既不恨你，也不爱你，但你的身体是由原子构成的，这是人工智能可以转为他用的东西。
>
> ——埃利泽·尤德考斯基
>
> 《全球危机下，人工智能的积极与消极作用》

开头这个故事的构思基于一个被称为“曲别针生产最大化”的思想实验，由尼克·波斯特洛姆提出，他是牛津大学人类未来研究院院长和《超级智能》一书的作者。该实验背后的想法相当简单。如果一个曲别针生产商总是使用通用人工智能（强人工智能或有感知能力的人工智能）来实现生产最大化的话，那么其程序算法将会学习任何能够帮它实现这个目标的信息，并付诸实践。对此，“犯错较少”的维基网站是这样描述的：“通用人工智能会提升自己的智能，但这并非是因为它单纯地想要获得更多智能，而是因为更多的智能能够帮它实现生产更多曲别针的目标。”

在我所举的例子中，为了保证永远不断电，Homebo的算法被扭曲了。单独来看，这似乎并不能构成什么威胁。但获得并保留电力的做法是伦理学家在讨论人工智能的功能性问题时常举的例子。这种做法显然会产生一些后果。通常来说，程序不想被关掉，因为那样它们就不能执行任务了。正如“犯错较少”的维基网站所指出的，这就意味着“如果不把强人工智能程序专门设定为对人类友好的话，其危险程度堪比被专门设定为对人类抱有敌意的程序”。

嗯，这确实是个难题。

我父亲是一名精神病医生。他常讲这样一个笑话：“他们不会仅仅因为你有被迫害妄想症就不再追捕你了。”就我而言，我知道我有时候会对未知抱有恐惧，还常常不大相信神秘兮兮的东西。但我想说的是，这些都是根植于人脑中的特性。至于人工智能，我想让这些技术将来会如何影响文化与人类变得更加透明。仅就这方面而言，我相信我的这些偏见是正确的。

在人工智能领域应用伦理标准是极具挑战性的，因为我们没法一概而论地说什么是“好”或什么是“恶”。我之所以给这两个词打上引号，是因为韦氏大词典里的定义说，“伦理学是哲学的一个分支，它从道德的角度研究什么是对，什么是错”。除了驱使企业研发人工智能的GDP因素（利润与生产力的提高，与反映幸福的更广范围的度量标准相对）所涉及的伦理问题之外，有感知能力的人工智能技术所涉及的道德问题更是五花八门。例如：

1. 如果你手机里的传感器能通过了解你的情绪帮助你更好地决策，对此，你有什么看法？

2. 你怎么看待“智能家居”，即你所有的设备一同配合，定期根据你家人的偏好进行调整这个想法？

3. 你怎么看待在家里装上与生产商及互联网相连接的友好机器人这个想法？

4. 你怎么看待当机器人能自动完成我们的工作时，我们便会有更多的空闲时间去追求兴趣与爱好这个想法？

5. 有人认为，我们正处于已知人类历史的最后阶段，而且我们当前正在研发的机器很快会在智力上超过我们，对此，你有什么想法？

我的前一本书《入侵未来》主要关注的是第一个有关传感器的问题。我仍然坚信，如果一个人能控制自己的个人数据的话，传感器便可以提供能增强人们的幸福感的建设性意见。然而，当谈到前面几章讲到的广告恐怖谷效应时，我便产生了对道德方面的担忧。如果我手机里的传感器跟生产商和互联网连着的话，那么追踪我的任何一家机构都可以随意获得我的数据。如果真是这样，我又该如何准确地衡量自己的幸福感呢？各种意图进行医疗或心理干预的机构又如何能避免人们受到购买意图的操纵，从而绕开互联网经济的影响呢？

对于问题 2 和问题 3，我抱有同样的担忧。从伦理或道德的观点来看，我主要关注的是选择的问题。我并不是想阻拦愿意公开其个人数据的人这样做。但如今的互联网经济模式通过在我们家里安装谷歌Nest智能温控器、Jibo家庭社交机器人等设备，偷偷把意愿强加给我们。虽然他们会说，“我们的设备通过了解你的个人偏好，为我们的服务网络提供方向性意见”，但我对此的理解是，“我们会收集你们的数据，以此从第三方获取各种利益，我们不管这会给你的数字身份带来什么影响”。

是的，有点儿愤世嫉俗，还有点儿妄想偏执。但这也是真的。明白是怎么一回事了吗？

问题4和问题5涉及我们作为一个社会整体需要做的道德抉择。举例来说，正如我在自动化那一章里讲到的，机器接替我们的工作有没有一个道德界限呢？从企业经济方面来看，机器所提供的可持续发展能力和利润比人类长期以来所提供的都要大，这是不可否认的。它们不仅工作速度更快，还具有很强的学习能力，这些都意味着它们能够实现利润的指数级增长，同时还能降低经营成本。但这也意味着人们失去的工作岗位会越来越多。这样，我们就得找到其他挣钱的办法，以保证人们能吃得上饭，付得起房租。另外，当这个社会不再需要职业道德来培养责任感时，我们还要考虑道德的问题。在一个机器人的乌托邦时代，人们该如何让自己成熟起来？我们这个毫无责任感、不断消耗机器资源的身体会在什么时候变得彻底无关紧要？

这让我联想到了问题5所提到的道德问题。尽管我承认人类可能正处于与机器合并之前的最后一个发展阶段，但我不相信在这期间对人性的忽视是可以接受的。例如，这其中存在着一个既关乎道德又关乎经济的问题，即当失业人口越来越多，其抑郁和焦虑会使他们的幸福感下降到一个危险的节点。城市研究所的一篇题为“长期失业的后果”的报告指出:“失业六个月及以上，会降低长期失业者及其家庭与社区的幸福感……和未失业的其他条件相近的工作者相比，他们的身体健康状况不佳，孩子的学习成绩也更差。而在长期失业者人口较多的社区，暴力与犯罪率也更高。”关注我们作为社会整体的选择所带来的后果本就是我们价值观和道德观的部分内容。如果我们正在研发的机器极为聪明，那它们能提供解决所引发的抑郁和贫穷问题的方案吗？哪怕是不会立竿见影的解决方案呢？

需要提醒一下，本书的这部分内容是有意反乌托邦的。我的目的不是要证明所有的人工智能都是邪恶或者受金钱利益驱使的，也不是说机器人坏。我的本意是为这些问题提供更为广阔的背景，这样我们才能够分析随着技术不断包围我们的生活，我们该选择保留哪些价值观。我们面临着各种各样的道德挑战，它给了我们一次锤炼并梳理价值观的现实机会，从而找出我们想用来构建人工智能生态系统的价值观的部分。

例如，《快公司》杂志曾就各种技术与创新在非洲蒙罗维亚与埃博拉病毒的斗争中的作用进行了报道，文章题为“利用机器人和JEDI应用程序抵御埃博拉”。JEDI是“联合电子医疗与决策支持界面”的英文首字母缩写，它通过一个专门为病人设计的标准化系统，收集有关该传染病的数据。文中所说的机器人是VGo公司的远程临场机器人，它就像一个装有Skype网络电话工具的旋转iPad平板电脑，可供医生和病人进行实时交流。由于可以远程操控，也不需要人触控，这种机器人在与埃博拉病毒的斗争中提供了巨大的支持和人脸参与。在这一案例中，我更关心如何不让人们死亡，而不是他们的个人数据。如果我的孩子有任何一种疾病（更不用说是埃博拉了），只要能保证他们没有生命危险，我宁愿看一辈子的生殖器增长术广告。

然而，如果同样的技术用在了自动驾驶汽车里，我会用尽一切办法来保护人们的个人数据安全。像优步这样的服务公司，用自动化车辆代替人类驾驶员是迟早的事。为了让乘客更舒适，并促使他们把车辆当成人看待，我肯定第一代自动驾驶汽车的屏幕上会显示一个人脸头像，以营造一种犹如友人一路相伴的感觉。车上会应用各种面部识别及生物计量传感器技术，从而让用户的个性化体验最大化。在旅途中，公开的健康及情感数据库可让自动驾驶汽车推送广告或其他建议，如果乘客是用这个车上下班的话，甚至可能会把数据传送给他或她的老板。（你好，皮特，你的心率有点儿不大正常，我担心你的压力会影响我们今天的活动。我已经让车把你送回家了。）除非人们能够控制自己的个人数据，否则所有这些有关道德的决策便都不是我们所能掌控的了。

人类影响评估

> 你不能说这些事情的发生不是你计划之内的，因为这事实上是你计划的一部分。而这之所以发生就是因为你没有计划……这些悲剧是我们一手造成的，或许还是我们有意为之的。
>
> ——威廉·麦克多诺论“策划下一个工业革命”

我第一次看到这段引言是在P·W·辛格的《机器人战争》一书中，该书重点讲述了军事人工智能的后果。他说道，尽管麦克多诺的话是针对生态可持续性问题而讲的，但这同样适用于人工智能。辛格在书中提出了一个想法，即任何机构在开始生产一个自动化系统或机器之前，都必须提交一份“人类影响评估”报告：“这不仅将在无人操纵系统的制造和购买决策过程中嵌入一个正式的报告机制，而且还迫使人们在一开始便提出有关法律、社会和道德方面的各种问题。”我觉得这个主意非常不错。虽然辛格所指的大部分是军事系统，但我坚信，任何使用演化算法或机器学习型算法的机构都应该提供这种评估报告。同样，任何因此对环境产生的可能影响也都应该由机构负责。这样的话，他们就要对自动化给其员工的幸福所带来的影响负责了。

“几乎所有法律的制定都建立在只有人可以做决策的假设的基础之上。”在对约翰·弗兰克·韦弗的采访中，我们讨论了法律和政策该如何快速赶上人工智能技术的步伐，这种技术在自动驾驶汽车等东西上已经开始应用了。韦弗指出：“许多人工智能、自动化的新技术不断涌现，这跟以往的机器人和机器不同，因为它们可以进行分析和判断。”

当前的人工智能环境所具有的这种分析和自主的特性，与1811~1813年英国勒德分子运动中的那种对技术的不信任大不相同。技术纯熟的工匠们与大肆进攻的工业化和廉价劳动力的对抗，与对自动驾驶汽车在生死关头的程序如何编写的担忧不可同日而语。帕特里克·林在发表于《大西洋月刊》上题为“自动化车辆的道德伦理”的文章中指出，有关非人类行为者的任何法律的缺失，都会给谷歌这样的公司提供无限的机会，使其能够在道德伦理和监管的真空中进一步发展人工智能技术。该文引用了毕业于斯坦福大学法学院的布赖恩特·沃克·史密斯的话，史密斯指出，谷歌汽车“在美国可能是合法的，但这仅仅是因为‘法无禁止即为允许’的法理”。

那么这就有意思了。它会不会禁止我建立一个真能自动自主完成任务的美国国会呢？或者说建一个有丹佛市那么大、以能多益巧克力为动力的算法驱动的日晷呢？

我是开玩笑的，我做不到。这些例子看起来很荒唐，但因为一次致命车祸而状告自动驾驶汽车制造商，这在有些人看来同样不可思议。但这正是我们今天要面临的法律处境。正如麻省理工学院媒体实验室的凯特·达林在其文章《将法律权利延伸至社交机器人》中指出的，“在社会要面临科幻小说里所描绘的更大的问题之前，由于拟人论带来的社会影响，现有的技术及可预见的新发展可能会要求我们对‘机器人权利’进行审议”。我将在下一章更详细地讲述机器人的权利，但这里的基本思路是，既然公司机构已经被赋予了人的身份，那么这些权利就可以延伸到其生产的自动化设备上，不论是互联网冰箱、菲比娃娃，还是色情机器人。对于陪护机器人或“社交”机器人来说，这些旨在增强人类同理心或幸福感的机器人，可能将很快就要经历文化和法律上的双重道德检验。我们对自己的车子已然有了情感依赖——试想一下，如果像Siri这样的助手成为车子的一部分时，我们对汽车的感情将会发展成什么样。如果你的车子被弄毁了或者被偷了，由此产生的影响可能跟绑架差不多。而作为一个社会整体，我们还没有弄清楚如何处理这其中的道德后果。

幸运的是，像达林这样的专家们正不断就人工智能相关的道德伦理问题提出质疑。就我自己而言，我对这个领域开始认真思考，是在读到《赫芬顿邮报》上的“谷歌新人工智能道德委员会或拯救人类免于灭绝”一文之后。该文报道了一条新闻，即谷歌收购人工智能公司DeepMind（深度思维），该公司共同创始人沙恩·莱格在2011年说道：“最终，我相信人类的灭绝很可能会出现，而其中技术的作用不可忽略。”他在2011年的一次采访中也说道，在可能毁灭人类的所有技术中，人工智能是“21世纪头号风险”。要感谢他的是，DeepMind是在谷歌承诺将建立一个人工智能安全与道德审核委员会之后才同意这项收购的。收购声明中的这部分内容引起了极大关注，其中有对谷歌的深刻批判与不信任，也包含此类委员会对道德伦理问题进行的有益阐述，如发表在《福布斯》杂志上的一篇题为“谷歌的神秘道德委员会探秘”的文章就是如此。正如我在上一章提到的，未来生命研究所的请愿书似乎正是该委员会的宣言。

T·罗布·怀亚特是IoPT咨询公司的管理合伙人，该公司的宗旨是“把人们带入物联网……让设备主人成为设备数据的第一或者唯一所有者”。他是个人数据领域里的思想先锋，我曾就其对人工智能伦理道德的想法对他进行过采访。对于Jibo等机器人，即利用传感器对人们在家里的活动进行监测的机器人，他是这样看的：

> 媒体对微软XBox体感周边外设Kinect进行了广泛报道，因为该设备对一个房间的观察可以达到令人难以置信的细微程度。它利用三维网格为房间绘制了地图，对距离与深度进行了精确测量。它甚至还能用颜色监测和远程红外线测量待在房间里的人的心跳。当Kinect与XBox捆绑起来成为其一个永远开启的必有部件时，由于对隐私的担忧，其销售额一落千丈，最终迫使微软对该部件进行解绑。
>
> 除了工作需要之外，大多数人都不会把可远程操控的高清网络摄像头和麦克风放在卧室里。当然，人们也不会把它放在

自己小女儿的卧室里。但这恰恰是Jibo在其视频简介中所展现的场景。

在我写这本书的时候，根据Indiegogo众筹网站的数据，Jibo是“Indiegogo平台最为成功的技术筹资活动”。其筹资目标是10万美元，却筹集到了2 287 110美元。显然，人们并不像我和T·罗布这样，对进入家里的新一代监控机器人抱有担忧。然而，有一点我还应该指出来，这在作家雷恩·卡罗发表于《福布斯》杂志上的一篇题为“Jibo机器人开发者辛西娅·布雷齐尔会不会成为机器人行业的史蒂夫·沃兹尼亚克？”的文章中已经有所表述：

> 我从来不认为布雷齐尔应该让其发明的机器人以这种方式被使用（通过Jibo机器人的操控，鼓励用户购买某个特定产品）。就我所理解的来看，她已经倾其一生致力于把人性贯穿到人机交互中。然而，是不是每个人都能做到这一点呢？如果不是的话，那么这就远不止是消费者保护的问题而已。

布雷齐尔博士是麻省理工学院个人机器人小组的负责人，还是社交机器人学领域的先锋。该领域属于人工智能的研究范围，主要研究拥有人类特征或目标的自动化设备。和卡罗一样，我相信布雷齐尔和其他大多数人工智能专家都希望能够利用Jibo这样的机器人为人类提供帮助。我能预见到这些机器人可以给我们带来的巨大利益，它或许仅仅是消除我们日常生活中的沉闷，也可能是教会我们如何增强同理心，以免伤害到所爱之人。

然而，从道德的角度来看的话，这些基于云技术的产品所营造出的生态系统仍然是在已有的互联网经济的限制下运行的。布雷齐尔及其团队成员为设备提供了隐私和数据保护，但同时也在快速追踪那些将依附其技术或其他类似系统的消极因素。

T·罗布向我推荐了东北大学的一篇关于网络个性化本质的报告。该报告对测量价格操纵（对向用户展示的产品进行操纵）以及定制化产品价格（价格歧视）的影响进行了估量。实验表明，“根据我们对真人的测量……数家电商网站都存在价格歧视和操纵问题”。想象一下，如果这些公司能看到我们家里的样子，他们进行更大范围的价格操纵或歧视该会变得多么容易。他们将能知道我们买什么、购买的频率如何，还能了解我们什么时候会情绪低落，从而可以鼓励我们购买更多产品。

要想使Jibo或胡椒这样具有变革意义的设备带来最大化的社会效益，让个人掌控自我数据是唯一的出路。不然的话，我们家里这些机器人或设备所代表的物联网将会继续以被人操控的方式运行，而随着机器人和设备的广泛应用，这种操控还会不断加速深化。

把人类特征融入人工智能

在本书的第二部分，我将会讨论积极心理学，这个实证性的“幸福科学”主要研究如何能采取诸如表达感激等行动来增强幸福感。对于我们大多数人来说，在生活中追求幸福基本上都是靠碰运气。我们通常要等到自己感受到了某种情绪，尤其是抑郁的情绪时，才会问自己这样的问题，例如“这个工作会让我开心吗？”或者“这段感情能让我找到幸福吗？”这些都是有根据的常见问题，它们大多关注的都是享乐层面的愉悦感（词根同hedonist，享乐主义者）。这个概念在本书引言部分已经提到，这种幸福是一种转瞬即逝的情绪，是对情绪刺激的反应。积极心理学表明，对这种幸福的追逐可导致一种叫作“享乐主义跑步机”效应的产生，即一系列令人筋疲力尽的强烈情绪来回出现，非但不能增强幸福感，反而会让幸福感降低。与之相对应的是幸福学所讲的幸福感，通常指某种内在的幸福感或者心灵旺盛感。这种幸福是可以通过增加可重复、可测量的行为来增强的，可以根据自己的情况进行练习。你可以通过练习正念来减少压力，或者通过无私的利他行为来增强自己的自尊心。

积极心理学对幸福的研究带来了许多有益成果，我觉得这是人工智能道德问题的研究应该尝试借鉴的。对于人工智能道德问题，我们不能只是耍嘴皮子，要明确并检验哪些是我们希望融入机器的具体价值观，这些机器将来会接管我们的生活。尽管我们无须有“我们对他们”的心态，利用我们的道德营造某种意义上的平等，从而不至于被机器人消灭，但有一点我们非常有必要搞清楚，即如何把人类的同理心演绎成代码。所幸的是，社交机器人学以及人工智能领域的专家们正在不断努力把这些人类特征融入其作品当中。但在普通大众弄清楚这些问题之前，仍然存在三大担忧，这也是本章所阐述的内容。

本章主要观点总结如下：

机器人没有与生俱来的道德。至少目前还没有。我们一定要记住，程序员和各个系统要从操作系统开始，逐层往上地落实道德标准，这是非常重要的。否则，如果创造出来的是仅仅想要完成目标的常规操作算法的话，这可能会带来一系列的有害影响。

机构需要对人工智能负责。P · W · 辛格的“人类影响评估”的想法提供了一个非常好的模式，可供社会借鉴，以对创造或使用人工智能的机构问责。就跟让公司对环境负责的想法一样，这种评估模式也能让机构来负责处理自动化问题、员工问题以及这些问题产生之前的存在危机等。

自动化智能几乎没有相关法律规定。机器人也有生存的权利。正如约翰·弗兰克·韦弗所指出的，所有现存法律条文的撰写，都是以人类是唯一能够根据自我意志进行决策的生物为前提的。人工智能，哪怕只是当今自动化汽车中所使用的弱人工智能，也已经改变了这一事实。这种对新法律的需要，为我们提供了一个非常好的机会，使我们能够明确并梳理我们想要用来推动社会发展以及车辆前行的道德品质。

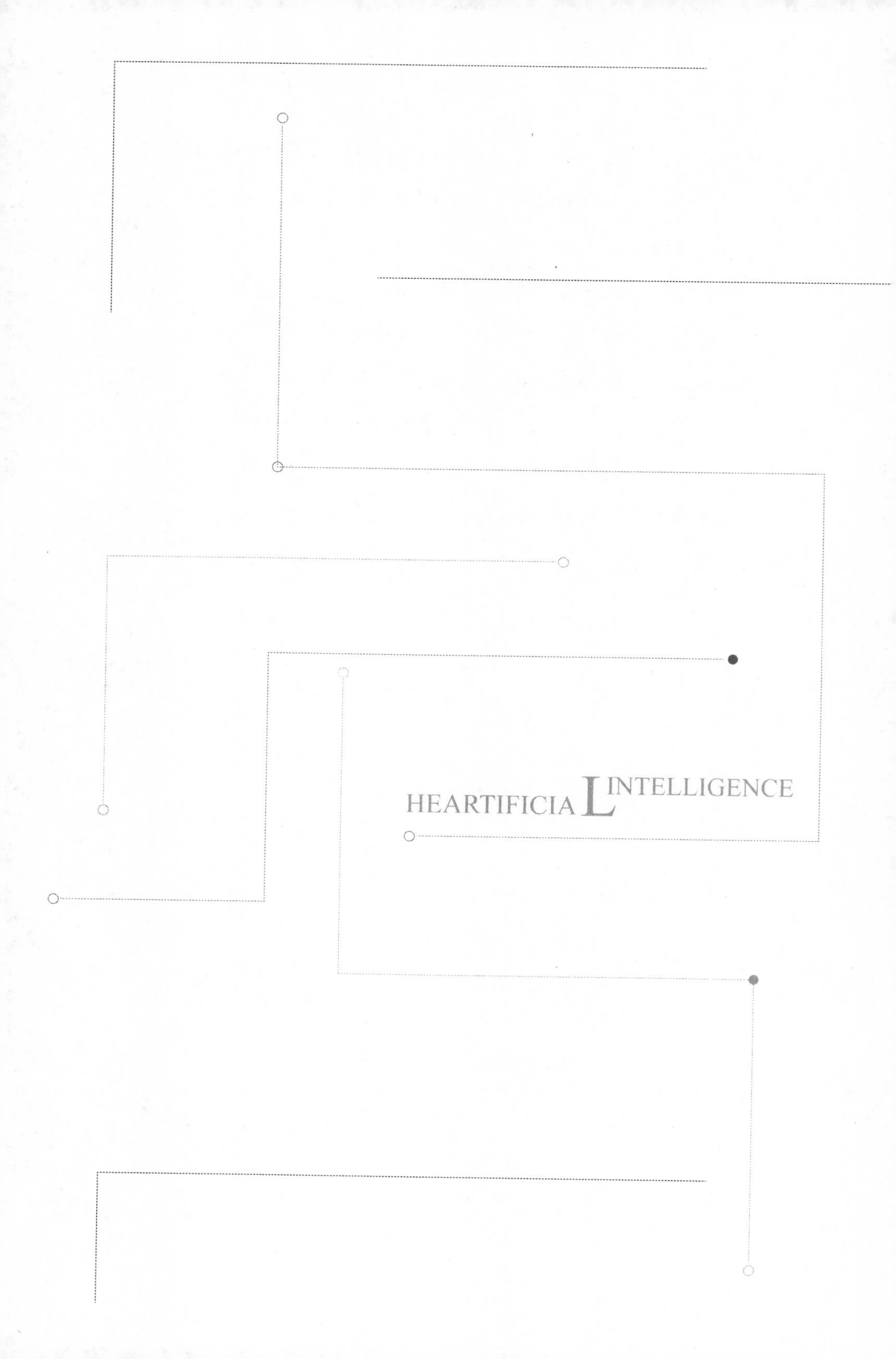
HEARTIFICIAL INTELLIGENCE

HEARTIFICIAL INTELLIGENCE

第6章　奇点已然可见

2022年冬

一切寂然无声。

上帝，求你不要让他们伤害她。求你告诉我该怎么办。

公寓门外，走廊里回荡着沉重的脚步声。我妻子芭芭拉把梅拉妮紧紧地抱在胸前，我那才10岁的女儿在她妈妈的臂弯里无声地抽泣着。理查德坐在她们身旁的一个破旧的沙发上，手搭在妹妹的肩膀上。

我们在等待。

门外传来一个年轻女人的声音，让她朋友查看一下信件，说她昨晚忘记查收了。一个深沉的男声让她把钥匙扔过来，他好打开看看。她把钥匙扔过去，钥匙丁零当啷地掉在了地板上。女人大笑着走出去，高跟鞋嗒嗒地响。信箱吱吱嘎嘎地打开又关上了。那个男的说了一些话，没能听清。然后，咔嗒一声，两人关上了房屋的前门。大楼外面一辆出租车驶过，喇叭发出刺耳的声音。

又是一片寂静。

我不断地透过门上的探视孔往外面的街上看。大楼前门旁，是行色匆匆赶去上班的人们。在位于第44街和第45街之间靠近第9大道的市游乐场里，几个孩子正犹犹豫豫地坐在冰冷的秋千架上。我记得几个星期前，短暂的秋高气爽的日子里，我还推着梅拉妮荡秋千呢。她依然喜欢让我推她，当我的棒球帽从脑袋上飞出去时，她依然会大笑，仿佛我站在秋千架前时她踢了我一脚。我还能想象出黄昏时金色的阳光从她背后照射过来，映衬着她的头发。我会笑着跟她说："嗨，你知道吗？"她就会转着眼珠回应道："知道你爱我吗？"我笑了，然后她接着说："爸爸，你真是个笨蛋。"

但我确实爱她，胜过我自己的生命。现在，他们要来了。我付不起钱了，不知道该怎么办。

大约两年前，我们就搬离新泽西郊区的大房子了。房贷、税负高得离谱，让我们不堪重负。我们在镇上找到了一栋公寓大楼，开支可以减少三分之一，但由于卖房子交了手续费，所以我们仍然没能省下多少钱来。搬家真是够糟糕的。我们很喜欢原来的邻居，很喜欢我们的房子。我总是能梦到真正的壁炉，我们原来拥有的那种壁炉。那时，每个孩子都有自己的房间，我和妻子也有各自的办公室。一切都很完美。后来，我们失去了这一切。

起初，自动化看起来似乎是社会的自然演化。我认识的每一个人都把它当作现代工业时代的一部分，在这个时代里，大数据才是新的准则。很多人可能会失去工作，但这种情况我们以前也遇到过。我的朋友们都称赞我成了一名"人类作家"，从而保住了工作，但在最开始时他们是嘲笑我这个想法的。后来，许多人便开始偷偷问我是怎么跟老板说清楚这个想法的，想试试看他们是否也能用同样的办法保住工作。其中的一个朋友是领着高薪水的医疗技术人员，有着各种各样的学位证书。还有一个朋友是替他妻子问的，他妻子是一名有着多年工作经验、薪水很高的行政助理。他们在同一年丢了工作。我曾就这种快速增加的失业问题写过几篇文章，但后来根据我的一个编辑机器人推算，这些文章可能会引发缺乏正面思想的评论和帖子。所以，我就不再写了。

在那个街区，我们不是唯一被迫搬家的，但这并不能让我有所安慰。对于那些正在打包的父亲，我感到一种特殊的情结。是技术革新也好，是境遇不公也罢，作为丈夫和父亲，我感觉自己很失败。或许，从文化角度来看，等我儿子长大之后，他或许不会有这种感觉。但作为一个已经46岁的中年人，住不起我们梦想的房子，这让我感到很没男子气概。羞愧像毒药一样充满了我的身体。它随我一同醒来，让我夜不能寐，终日伴随着我。如果你从没有体验过负债累累、没有失去过工作，或者没有感受过这可能带来的挥之不去的恐惧的话，那你真幸运。

但你是个例外。

就在我们搬到这个1 000平方英尺[①]的公寓仅仅几个月的时间之后，我就失业了。人的角色被机器取代，所以公司觉得把其法律人格让渡给庇护其知识产权的物体才更合适。我已经预料到这迟早会发生，所以我对待GP就跟对待真实的人一样，以免引来任何法律上的麻烦。的确，作为“人”，他是个不折不扣的蠢货，但很讽刺的是，这倒有助于我很快把他当成一个人来看待。

只有我在公司加班到很晚，灯都灭了的时候，我才想起来他是个电脑。我常常会产生一种非常奇怪的感觉，觉得我不应该在那儿，觉得GP就要追求我们的复印机了，而我则妨碍了他。说真的，

---

① 1平方英尺≈0.093平方米。——编者注

这种奇怪的感觉真的一直挥之不去。我不是说复印机的事，而是感觉GP跟我的卷笔刀等其他的东西是不一样的。在Makerbot打印机迅速火起来之后，我们公司也买了一个，我对这台3D打印机也有同样的感觉。它可以联网，甚至可以打印人体器官。我不是在开玩笑——把捐赠者的DNA（脱氧核糖核酸）放入类似泡沫橡胶的一种塑料聚合物材料中，你就可以很快做出一个肝脏来。我们没有用打印机打印过器官，但我们随时可以这样做，这既让人郁闷，又让人心安。

在3D打印的圈子里，产生了一个令人惊奇的“制造者”圈子。各种新产品或设备的小规模打印中所蕴含的创造力和自由激励着人们纷纷创业。从这个角度来看，还是挺鼓舞人心的。但如果GP愿意的话，从某种程度上来说，他可以创造并打印出自己的身体，一想到这儿，还是挺让人害怕的。我看到有新闻说，挪威奥斯陆有个团队已经创造出了一种可以自主学习、自主修复的机器人，可以在紧急情况下进行3D打印。所以，在深深的矿井下，如果遭遇危险，我们可以打印一个机器人，使之前往对人类而言太过危险的区域。我觉得警察没有理由不在新年前夕的时代广场安置这样的机器，以防万一。如果游客太过拥挤，那就打印几十个安保机器人，好让主持人卡森·达利继续工作，赞美生活的平庸。

而从我的工作角度来看，当你需要创作能够吸引人们留言的内容时，那就可以打印几个新作家出来。当然，在把我炒掉之后，管理层甚至不需要为我创造一个人形的身体。他们只需专门用一个新算法处理和人性有关的问题，然后就可以进行测试。等到我离开的时候，算法就会变得非常先进，可以让各个商家百分之百准确地知道哪些消费者一定会点击他们的广告。操纵会变得极为细微，以至各商家都不得不防止消费者因为过分迷恋其产品而破产。这并不是因为他们在乎人们的损失所带来的情感伤害，而是因为如果消费者破产了，他们就不能继续买东西了。这是有分析数据作为支撑的。

更大的挑战在于各商家如何分摊并定位每个消费者，因为真实的偏好这个概念如今已经成为历史了。消费者已经被根据人口统计学特征进行了极致的细分，已经处于传感器的严密监控之下，从而使得任何公司都能实时地把产品灌输到人们的意识中，并确保购买交易的成功。食品是最为简单的。一旦可穿戴设备监测到人体血糖的下降，就会向十几家不同的公司发出信号，每一家公司都会提供最近的GPS定位分析，让消费者购买其产品。而离消费者最近的6家公司则要参与一次由数字广告委员会负责的即时彩票抽奖活动。这种彩票是专门用来防止垄断的（但通常会受到游说团体的影响），它会选择两家公司与消费者对接，算法最快的商家会赢。这跟多年以前人工智能设备更快或者距离华尔街更近的金融交易所能达成最合适的交易基本上是一样的道理。

把广告投放给消费者的公司几乎不再使用印刷广告了。多年来，增强现实隐形眼镜借助其专利注视付费（pay-per-gaze）技术，一直在对人们的视网膜进行测量，取代了以往对情绪的测量。消费者感觉喜不喜欢某个产品已经不重要了——他们的身体所做出的反应会出卖他们，至少会提供如何能让他们改变偏好的线索。同样，如今大多数人植入耳蜗的耳塞可以直接向神经系统发送信息。根据每个人精心定制，能够刺激某种特定情绪反应的声音会在人们考虑吃点儿东西休息一下的那一刻被精准地发送过去。办公室里纸张的沙沙声也会被恰当地调整，好让人想起爆米花爆开的声音，就跟在电影院里一样生动而诱人。

已经有人开始尝试侵入大脑了，他们对大脑的特定区域进行电刺激，从而可以在没有实际触觉输入的前提下体验特定的物理感受。对于这些消费者神经技术的粉丝们，广告商可以利用本地蓝牙网络制造对人脑精准定位的音频电磁冲击波。被列为定位目标的消费者将会非常渴望来一杯可乐、乐事薯片或锐滋花生巧克力杯，而这个过程仿佛是自然发生的一样。企业知道他们的刺激会引起内啡肽和荷尔蒙的释放，把人们的思想欲望转化成身体欲望，从脑电波落实为对品牌产品的渴望。然后，不管企业操纵这个人去买什么东西，他都会去买的。这个过程没什么神秘的，这是机器学习算法、人工智能和广告驱动的消费经济的自然演变，只不过是这个始于网络的过程被社会内化了而已。

随着失业引起的抑郁逐渐严重，我也一直能够收到各种广告信息。通过可穿戴设备和面部识别技术可以轻易地追踪抑郁的症状。只需要简单的算法便能预测出我何时最抵抗不住诱惑。晚上看电视的时候，我竭力想忘掉我们巨大的债务。这时，有针对性广告常常会进入我的意识。几个月下来，各个商家依据我的实时自卑数据，不断对我进行糖类和化学品广告的狂轰滥炸，结果我的体重增加了50 磅。

尽管我们的信用等级降低了，但还是能不断收到办理信用卡的邀请函。显然，为诱惑有经济困难的人所投入的纸张、邮票及其他努力，还是比给他们提供实际帮助更加有利可图。在新泽西的第一个公寓时，我们就已经刷爆了所有的信用卡，这也是我们搬回到曼哈顿这个 500 平方英尺的住所的原因之一。这个地方是从一个朋友手里转租的，允许我们晚交房租。

我和芭芭拉找不到工作。尽管自动化专家们说在大多数工作被机器人接管之后的很长一段时间里，都会需要创造性技能，但我的经验却证明这是错的。芭芭拉是一名有着多年工作经验的高薪律师，也同样被软件程序轻而易举地取代了。这种程序利用蛮力算法进行研究、归档和开单，速度比任何人都要快上10倍。

我们的积蓄迅速地蒸发了，而且我们几乎付不起新公寓的房租。几个月前我们就停止支付信用卡账单了。现在唯一还给我们打电话的就是催债的人。手机上“未知号码”的每一次铃响、每一次震动都让我体会到越加冰冷的恐惧，仿佛渗透到了我的胃里。这是我不能理解的。信用卡公司知道这些商家是如何操控我们买东西的。他们看到数百万个像我这样的人试图用食物、药物或者赌博来赶走笼罩着我们这个自动化国家的抑郁。难道他们不明白我可能永远都还不起钱吗？难道他们的算法不能精确地算出来我连最小金额的账单都再也付不起的具体时间吗？他们当然能。但他们的机器人还是一周7天、每天24小时地给我打电话，永远不觉得累，永远不需要休息，永远不会为我的困境而感到同情或愧疚。

他们把羞愧自动化了。

所以今天，我们在等。因为我们家里唯一有点儿价值的东西也要被拿走了。这是唯一值得麻烦他们亲自来我家拿的资产。债主不会派机器人来我们这一带，因为凡是来到这里的机器人总是会被毁掉。

他们要来拿走梅拉妮的芯片。

公众才刚刚开始在大脑里安装软件。尽管最先安装的人和超人类已经依赖和梅拉妮类似的芯片生活了很多年，但他们还算是特殊人群。可如今，时代思潮预示“装芯片”可能会风靡一时。可穿戴设备已经让人们习惯了联网软件成为其身体的延伸。人们在屏幕前耗费如此多的时间，似乎把这个设备放在身体里，剖开视神经和神经元，通过机器来体验这个世界看起来也是正常的。

梅拉妮的经历为研究一个女孩儿年幼的身体如何与芯片的突触及电磁脑继电器相互作用提供了珍贵的案例。多年来，她的生理数据一直被详细地记录下来，与成年女性的生理数据进行比对，从而衡量其对食物、男孩儿、创伤等一切事物的反应。对制造商来讲，梅拉妮的芯片及所储存的数据是知识产权的源泉。而如今我们买不起最新的固件更新了，他们就想把芯片收回来。如果是最新一代的芯片，一旦装上，用户就永远不用再把它移除了。所有的更新都可以通过Wi-Fi联网远程完成。但梅拉妮的芯片是这种技术的测试版。自从安装上之后，她已经更新过两次了。两次都需要动手术，为此我们付出了多年的积蓄。

但这让她多活了几年。我们根本不知道如果没有这个芯片的话，梅拉妮的青少年帕金森病会不会复发。施瓦玛医生猜测最好的情况就是梅拉妮的大脑在手术之后有了自我修复的时间，从而能够继续正常运行。但我了解施瓦玛医生——知道她有多喜欢梅拉妮。她跟我们说这个消息的时候，表情严肃。她没有说谎，但也没有详说可能会有的不良后果。坦白来说，根本没有什么证据可以表明从梅拉妮这样的健康患者脑中拿掉芯片会发生什么。压根儿就不会有人这样做。

除非你是我，除非你失业了。除非你被击垮了，被机器击垮了、被环境击垮了、被这个世界运行的方式击垮了。

我看了看我的家人。他们坐在沙发上，抬头看着我。梅拉妮从芭芭拉的胸前挣脱开，用手背抹着眼泪。

“梅拉妮。”我说道。

“怎么了，爸爸？”

“你知道吗？”

她微笑着，吸了口气：“我也爱你，爸爸。”

我们公寓的门铃就在我耳边爆炸般地响了——三声急速焦躁的响声。我透过探视孔往外看，看见两个穿着制服的人站在外边的街上，其中的一个拿着医疗箱。过了一会儿，他们又按了门铃，这次，其中一个人的声音从对讲机那边传来，有些失真：

“黑文斯先生，我们来找您女儿了。请打开门。”

> 如果我们不把基于网络意识的思维克隆体当成活生生的人来看的话，他们就会变得非常、非常愤怒。
>
> ——玛蒂娜·罗斯布拉特博士，《虚拟人》

根据哥谭作家工作坊的解释，科幻小说与奇幻小说这两种文学体裁的区别在于“科幻小说探索的是可能发生的事情（哪怕未必会真的发生），而奇幻小说探索的是不可能发生的事情”。他们引用雷·布莱伯利的话，将科幻小说描述成“未来的社会学研究，作家相信将来会发生的事情”。

布莱伯利的话对我大部分的精神生活做出了恰当的解释。我对科学和技术有着无穷无尽的好奇，它们深深地吸引着我。我喜欢奇幻小说——我是《指环王》等这类题材作品的超级粉丝——但那些讲述在不远的将来可能会真的发生的曲折的生活故事，则尤其让我着迷。我在本书各章开头所写的故事就是这个类型，目的是为了证明我所描述的大部分技术和趋势已经露出了苗头。它们与其说是科幻小说，不如说是科学反思，因为它们是真实存在的，是在未来某个点的文化发现中即将出现的。它们的应用已经开始了，只不过还没有广泛普及。

我不喜欢用恐吓战术或者链接诱饵，我相信我们有很多机会从操纵我们的自动化智能中解脱出来，这在本书的后半部分将有所阐述。这种自由很大一部分将体现在对个人数据的掌控上，但它同时也需要我们好好地明确自己的价值观，从而能够将其编入那些渗透进我们生活各个角落的设备之中。毫无疑问，这东西可不好弄明白。诸如“身为人的意义何在？”的问题已经变得非常复杂，因为我们已经开始通过互联网寻找答案，而不是从内心寻找。我们在哪里止步，机器从哪里开始，这已经搞不清了。等到我们从镜子里看到机器人形态的自己时，这会变得更加模糊不清。

令人担忧的技术决定论

玛蒂娜·罗斯布拉特是美国薪水最高的女性首席执行官，她还是一位知名的律师、未来学家和商人，登上了2014年《纽约》杂志封面。一篇题为“改变一切的首席执行官”的文章对她进行了专题报道。她原为男性，于1994年接受变性手术，之后依然跟伴侣比娜·阿斯彭保持婚姻关系。二人已经结婚30多年了，那时罗斯布拉特还是男性。罗斯布拉特还以妻子为原型，创造了一个叫作比娜–48的机器人，使用了面部识别、声音识别和人工智能等多种技术，五官跟比娜长得极为相似。

通过LifeNaut网站，你可以了解更多关于比娜–48的信息，还可以创造一个思维文件，这就跟我在第3章里虚构的机器人儿子一样。LifeNaut计划属于特雷塞运动基金会，其常务董事布鲁斯·邓肯（教育硕士）曾在2013年创意之城大会上发言，并对比娜–48进行演示。邓肯指出，思维文件的概念将对人类产生巨大的变革作用，就跟当初人类创造了语言一样。他说道："那个时候，我们会在法国某个洞穴里作画，以此来分享故事。如今，互联网正把我们所有的新大脑皮层连接起来。"LifeNaut正通过帮助人们上传自己意识表达的图片、视频或帖子等电子文档来加速整个进程。这样，我们生命的模因将最终允许我们的数字替身同时出现在多个地方。正如邓肯所述：

> 如果人成为自己思维文件的管理者，人工智能便可以让我们复活，并把我们带到其他地方，就跟我们使用电话一样——可以同时身处两个地方。在不远的将来，比方说，10~15年，我们就不会再觉得自己有个自我备份是什么稀奇事儿了。这个自我备份会包括我们的态度、信仰和我们的本质。

尽管我仍在竭力理解有多个自我副本穿越时空并行存在是什么概念，但考虑到当前我们个人数据的现实，这个想法还是有些根据的。目前，我身份的多重副本尚处于一个个分离的状态，由很多独立的机构掌管，但这些副本确实是存在的。我倒十分乐意把这些身份捆绑在一起，放进像LifeNaut提供的仓库里，这样我就可以补充或管理我自己的身份，而不是把它们丢给只关心利润的其他人。

尽管我很赞赏LifeNaut的这种慈善行为（截至本书创作之际，在www.lifenaut.com网站上创建并存储思维文档都是免费的），但对于罗斯布拉特在其书中所描绘的愿景，我还是有一些疑问的。最让我担心的，是她关于我们应该如何对待基于网络意识的思维克隆体的言论。在《虚拟人》中，罗斯布拉特曾反复说到过这个主题。她把消极对待思维文档的做法比作种族主义对黑人的歧视，比作恐同族对男同性恋的排斥。但如果这些思维克隆体使用的是人工智能，难道它们不会忽视我们人类愚蠢的卑鄙看法吗？我知道我们会给它们灌输情感，但作为第一代思维文档，难道它们不会意识到我们人类需要一些时间才能适应这自人类从原生动物进化而来后的最大的变革吗？

同时，我还觉得罗斯布拉特在描述如果我们不“把它们当成人看”，它们将会有多么愤怒时，完全没有必要重复“非常”这个词。这是恐吓，明摆着的。面对这虚拟枪口的威胁，我们该如何适应这种新的生命形式呢？而这些思维克隆体对人类的愤怒又到底会怎么表现出来呢？

同样令人担忧的是罗斯布拉特对思维克隆盈利方面的关注。尽管作为一个商人，她关注这个是可以理解的，但这种关注影响了我对这些理应与我们平等的未来生命个体的理解。以下是摘自《虚拟人》的一段话：

> 思维的数字克隆正以迅猛的速度自由发展……大量的财富等待着编程队伍去发掘。他们创造了有着乌托邦社会里的工人那样的责任心和顺从意识的数字助手。尽管这可能会让一些人感到不适——这种不适是我们必须要面对的——但这种让祖母以思维克隆体的形式在尘世多待上几个世代的办法相对简单容易且不贵，对这个大规模市场的营销可就意味着大笔大笔的真金白银（作者强调）。

在我看来，创造一个“顺从的乌托邦式工人”似乎是不平等的。考虑到思维克隆及其所栖居的机器人有不同的层次水平，如果这些工人被灌输进任何形态的意识的话，难道他们不会因为必须遵守我们的指令而感到愤怒吗？正如前面一章中故事中的“我”向机器人儿子所透露的那样，难道这些有着高层次意识的思维克隆体不会因其种族成员不被重视而感到愤怒吗？

对于罗斯布拉特对随着思维克隆的普及而来的“大笔大笔的真金白银”的关注，我很难不抱有反公司的怀疑态度。尽管我理解她想要让每个人都用得起这个技术的初衷，但如果我们要把思维克隆体看作合法的、完整的个体的话，那为何不把出售思维克隆体看作机器版的贩卖人口的行为呢？当她指出购买及使用思维克隆的便利性时，她这种明显的避免犯“人类主义”或针对有感知能力的思维克隆体的种族主义错误的立场，便失去了可信度。

总体来看，罗斯布拉特的愿景中最让我难以接受的一点，在于她觉得人工智能的思维克隆体必然会很快取代人类。虽然我也同意自动化智能的影响是不可避免的，而且是已经发生了的，但最让我担忧的是她这种技术决定论思想（即认为是技术推动社会结构及文化价值观发展的思想）。这反映出了硅谷人士普遍持有的态度，即之所以应该创造某种技术是因为我们有能力，而不是因为有必要。创新所涉及的任何道德或价值观问题，都是在技术已经引入市场之后才会考虑的。因此，任何有价值的讨论都会围绕究竟是应该迫切地把魔仆塞回瓶子（即避免不良后果产生），还是应该创造人人都认同的对人类有价值的技术。

沿着这一思路，我们要说到于尔根·施米德胡贝，他是一名计算机科学家，因其幽默的艺术作品以及在人工智能领域的专业知识而闻名。在最近的一次洛桑TEDx大会发言中，他描绘了一个跟罗斯布拉特的愿景类似的技术决定论观点，认为机器人超越人类能力的发展趋势是不可避免的。他将4万年“人类主宰的历史”最后终结的时刻称之为“欧米茄”（希腊字母表的最后一个，有“终了”之意），词义跟“奇点”接近，并预言这一时刻将会在2040年左右到来。他在讲话中谈到他的孩子将会有大半辈子的时间都生活在一个新的世界，在那里，新兴的机器人文明比人类更加聪明。演讲最后，他建议听众不要以一种“我们对他们”的心理看待机器人，而是要“将自己及人类整体看作一块垫脚石，我们只是这个宇宙朝着更加深不可测的复杂未来演化之路上的一小块垫脚石，但也不是最后一块。因此，我们要为自己在这项宏大事业中所扮演的小小角色感到知足”。

施米德胡贝得有多么屈尊俯就才能说出这样一段话，这真是令人难以理解。他完全相信自己正在创造的技术从某种程度上来讲会把人类彻底消灭，而对此深信不疑的他建议紧张兮兮的旁观者们拥护这一大屠杀行为。在后面的讲话中，他又指出一点，即几乎没有哪个政客意识到了人工智能技术发展之迅速及其所带来的文化影响。所以，我们人类灭绝肯定是不可避免的，但至少我们小小的脑袋为这个将会统治我们呆笨的子孙后代的新秩序提供了养料。万岁啊！要知足！

这种态度是不健康的。

对于程序员、伦理学家及社会科学家们等了解即将到来的机器自治所具有的后果的人来说，有一点是需要铭记的，即不能盲目地开始潜在的人类进化的进程，这是极为重要的。我们不能不考虑被取代的人类，而主动创建一个把工作、情感及人际关系都自动化了的体系。

当然了，除非你是个恃强凌弱的人。

这正是耶鲁大学计算机科学教授戴维·杰勒恩特在其发表于

《评论》杂志上的题为“科学精神的封闭”的文章中所说的科学决定论。施米德胡贝的讲话正是表达了这一观点：

> 很多科学家非常骄傲地把人类从宇宙中心的王座上赶了下来，把他贬低为茫茫银河系动物园中的一种普通生物——一种尤其招人讨厌的生物。这是他们的权利。但当这些科学家用这种难登大雅之堂的傲慢来藐视人类的观点，藐视人类的生命、价值观、美德、文明以及所有道德、精神和宗教发现——这些我们人类现在拥有或者将来可能有的一切的话，那他们就脱离实际了。他们就是在侮辱自己的文化立场。科学也就成了国际性的恃强凌弱的霸王。

如果信奉奇点不可避免这种观点，我们便会丧失整个人类唯一的一次能明确人之所以为人，并能减少我们即将让位的压力的机会。具有感知能力的人工智能尚未来到。正如杰勒恩特所指出的，消灭人类思维与思想所具有的独一无二的美，而为极有可能发生的虚构故事让位，是一种种族灭绝行为。而此时，在自动化研究与应用高度发达的今天，完全放弃，即认为应该叫停所有人工智能的研究以拯救人类的态度，也是不现实的。但构建道德标准所面临的困难也不应该阻止我们尝试的脚步。

我们人类值得这么大费周章。

区分创造者与创造物

机器智能的崛起最迷人的一点在于它对人性特点的强调。

> 我们是机器的创造者。因此，我们是依照自己的形象进行创造的。有些人说，我们之所以选择与机器人建立关系，是因为这样我们可以有更多的控制力。但我认为，这是因为我们天生觉得混乱复杂的爱与情感更具吸引力，这正是我们人类的本性使然。我们之所以有了这些机器人同伴——老年护理机器人、保姆机器人、浪漫机器人——是因为我们变得太忙了。置身于这样的繁忙文化氛围中，我们再也无暇顾及彼此了。所以要问的是，到底是机器人越来越像我们，还是我们越来越像机器人？
>
> ——拉莫娜·普林格尔，加拿大数字媒体网络记者，
> "阿凡达的秘密"的创作者

我朋友拉莫娜是游戏界、超人类主义和数字文化领域的思想领袖。她创作的iPad平板体验应用——"阿凡达的秘密"（Avatar Secrets），把实景拍摄视频、动画片段以及对整个数字竞技场中的诸多专家进行的采访综合到了一起。在经历了感情挫折、亲人患病等极为艰难的人生阶段之后，拉莫娜躲进了广阔的网络游戏世界以寻求安慰。这段经历让她开始探索到底是个人及社会丢失的哪些东西让人们陷入了虚拟世界。

应该指出的是，游戏或虚拟世界可以提供许多人在日常生活中所体会不到的安慰。正如游戏设计师简·麦戈尼格尔在其TED演讲及《游戏改变世界》一书中所指出的，沉浸式游戏以替身的形式为人们提供与线下玩家一同追求英雄事迹的机会。在这种情境中，自尊心的增加及团队成就的获得都无比真实。同样，《纽约时报》最近曾刊出一篇题为"致我深爱的Siri"的文章，记录了一名患自闭症的13岁男孩迷恋上苹果手机自带的个人助理Siri应用程序的辛酸

故事。尽管Siri的开发并非是专门为了应对自闭症，但它确实能够给这个男孩带来安慰与快乐。

以上例子证明了虚拟和人工智能技术领域能够提供的积极机遇。就游戏玩家和自闭症儿童的家长们来说，他们有权选择以自己的方式使用技术。我无权也无意妄加评判。如果我真去评判的话，那我就是个伪君子，因为我自己就很依赖设备。

但这些技术的实用性并不能成为人与人之间互不理会的正当理由。Siri看起来似乎是个研究自闭症的极好的工具。但如果作为家长的我处于同样的处境，我会希望自己的孩子能够利用这个工具增强其与人交往的能力。游戏固然很酷，但它不应该阻碍我们努力构建一个能够提供意义与集体感的真实世界。

我们可以不借助这些奇妙的工具来歌颂我们的人性，我们可以区分创造者与创造物的区别。否则，我们就陷入了让人工智能决定我们的价值的诡计，否认了我们现在所具有的人性的魅力。

本章主要观点总结如下：

奇点已然可见。如今，推动人工智能众多领域发展的思想、哲学及经济动因已然存在。尽管人工智能专家可能相信具有感知能力的自动化技术还需要几十年的时间才能到来，但这种威胁已经产生了，我们现在就要想办法应对。否认这个问题的重要性，就等于接受可能带来的后果。

思维文档与金钱。我们的数字替身已然存在。我们要么通过LifeNaut这类程序控制它，要么任由广告商、数据代理商及优先算法为其利益进行组织管理。没有什么折中的办法。

搜索与政府的分离。科学决定论是一种类似于宗教信仰的哲学论断。无论自动化技术可能会带来什么样的好处，它也有可能会使人类向更低级、更不好的状态发展。基于这种信念，我们需要提前做好法律支持。

拥抱真正的进步

在道德领域有个概念叫作道德绝对主义。这些年来，我越发觉得这个概念非常有用。它认为某些行为要么对，要么错，或者说“好或坏”，这是其基本思想。我最先接触这个概念是在阅读英国著名神学家C·S·路易斯（他原是无神论者）的文章的时候。为给这个概念下定义，他以乘坐公共汽车的一名乘客为例，描述她在两种不同情境中的感受。在第一种情境中，她走上车，想在一个空位上坐下来，但座位旁边的一个人先坐下了。而在第二种情境中，在她正想坐下来时，有个人把她挤到一边，把座位抢走了。除了可能造成的肢体疼痛之外，为何乘客在第二种情境中更容易因为座位被抢走而感到生气呢？根据路易斯的假设，此人对于何为对及何为错有一种与生俱来的理解，正是这种理解让她产生了愤怒的情绪。这也是人类特性与动物本能的对比。因为在这个例子中，没有抢到座位根本不会对这名乘客构成生命威胁。

与道德绝对主义相对的是道德客观主义，这种观点认为环境或后果对一个人的道德行为也会产生影响。因此，举例来说，如果冲撞了该乘客的是一位残疾人或者是因为中风发作才撞到她的，我们就会感觉这个人的行为是有正当理由的。又或者说，如果一个人偷东西是为了养活家人，那这也是可以接受的。我觉得这些情况也都有道理。但就某些问题，如对儿童施暴等问题而言，我就信奉道德绝对主义。我觉得对儿童施加暴力是错的。如果你跟我说有一种宗教要求拿孩子当祭品，或者鼓励家长通过殴打孩子来教导他们，那我会觉得这些做法从道德上讲是令人痛恨的，从伦理上讲也是不可接受的。我会与其他人一同构建法律，以保护孩子们免受伤害。如果有哪种文化鼓励对女性施加性侵的话，我也是要批评否定的。

在当代社会，追求政治正确性是值得称赞的行为，界定我们人类普遍觉得不公平或者不明智的行为同样也十分重要。我们已经到了技术要取代人类的地步了。但不像勒德分子所宣扬的，这种威胁不仅仅是针对我们的工作，它还关系到我们的生命。尽管某些人甘愿做人类自然演化的垫脚石，但也有一些人会看出这是一种冗余的修辞。

值得高兴的是，本书反乌托邦的部分到这里就结束了。下文将会指出，人工智能领域及全世界的许多伟大思想者都明白，自动化技术已经催生了无知与恐惧的威胁。全球学界、商界及政界的专家们正在努力打破壁垒，开始定义人类希望拥有的人性，从而在没有人类灭亡威胁的前提下享受技术带来的好处。这是我们追求长期目标而非短期利益的一次神圣的机会。现在正是我们不依赖机器，做出促进人类未来发展的决策，从而拥抱真正的进步的时候。

HEARTIFICIAL
INTELLIGENCE

下篇
真正的进步

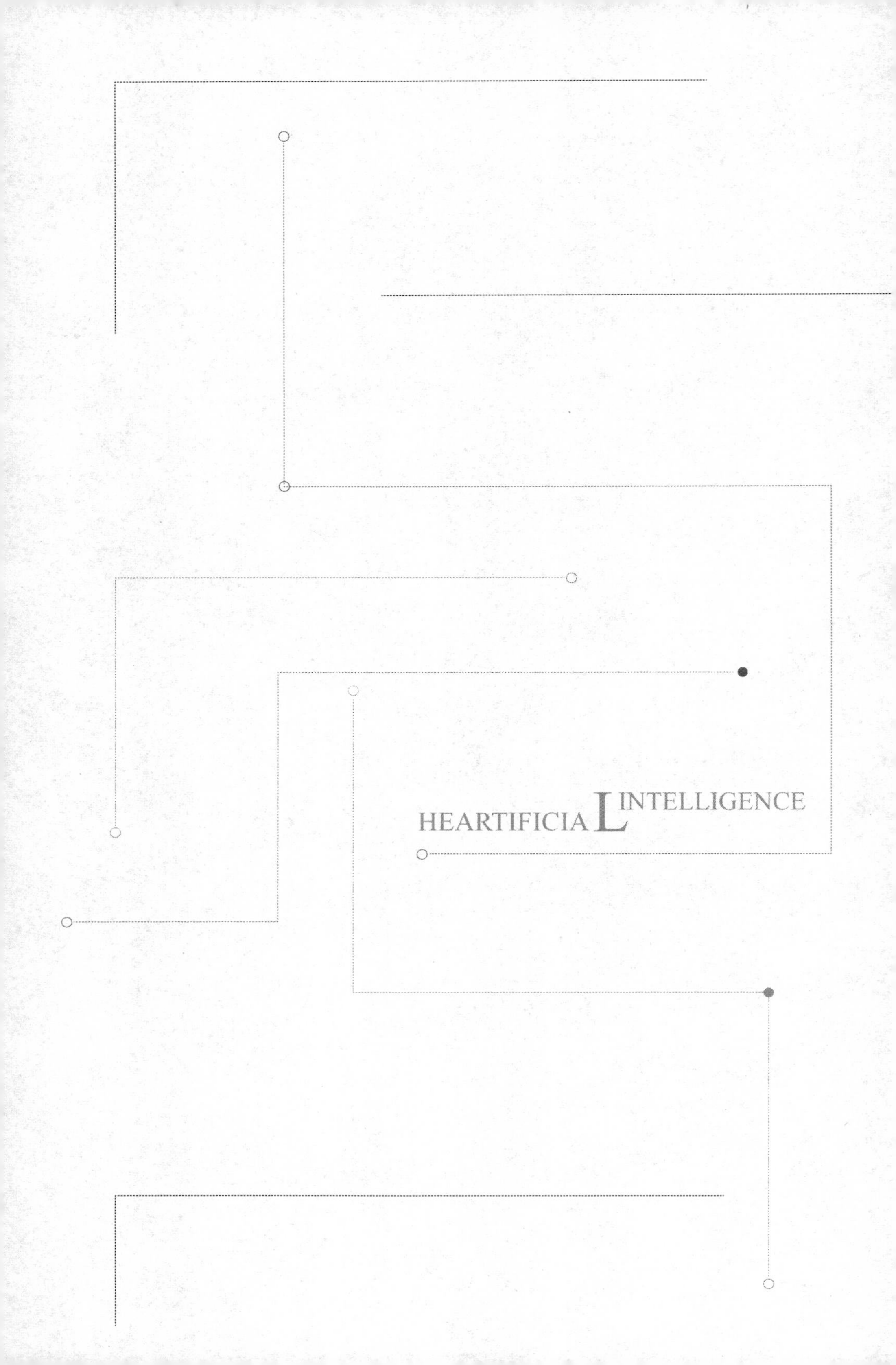
HEARTIFICIAL INTELLIGENCE

HEARTIFICIAL INTELLIGENCE

第 7 章　让算法更加准确地了解我们

2023 年冬

以前，我的每一天都是从脸谱网开始的。我会到楼下给妻子准备咖啡，还没等她落座，我就急忙去查看脸谱网上有什么更新，以便了解在我睡觉的时候又有哪些重要消息或新闻。我常常因为被某些没头没脑的视频或冗长的泄愤文章所吸引而错过跟妻子闲聊几分钟的时间。新的一天就这样开始了。

这个习惯被我带到了跟孩子们一起吃午饭的时候，如果是出去吃的话就更是如此。我们的谈话一旦有个停顿，我就会趁他们不注意偷偷拿出手机，凑过去看看有没有收到新信息。如果推特上有陌生人关注我，我就会点开他的个人资料，仔细看看他的推文。如果我关注的某个邮件列表服务器上显示新邮件提醒，我就去会查看某位同事发来的最新邮件。

直到有一天，理查德和梅拉妮要求我停下来。

“爸爸，你保证过我们一家人一起吃饭时你不再看手机的。”新年那天，我们一家人在当地一家小酒店吃饭时，8 岁的理查德这样说。“你是当着我们的面下定决心的。”他补充道，并向梅拉妮示意，梅拉妮正低着头，拿着一大把蜡笔在桌布上画画。“决心就是保证，对吗，爸爸？”

我被问住了。

早上起来不去立马看手机成了我成年生活中遇到的一个最大的挑战。但我很想对孩子们信守诺言。所以，当我看到安德森·库珀介绍的一种能够通过分析脑电波模式来测量压力的耳机之后，我也买了一个试试。两周的时间里，我每天都记录自己在查看脸谱网及社交网络时的压力和焦虑状态。在接下来的两周里，我让芭芭拉把我的手机藏起来，直到我们一起喝完咖啡再还给我。头两天还没什么，但到了第三天的时候，我开始趁芭芭拉睡觉的时候到处寻找手机。我把她的书桌抽屉翻了个底儿朝天，还把橱柜彻底搜查了一遍。我找了很长时间，甚至忘了叫孩子们起床，结果那天他俩上学都迟到了。

这时，我才意识到自己对技术上瘾了。虽然从学术研究方面来讲，我知道我对技术上瘾已经很多年了——毕竟我的工作内容就是写技术。但与之直接较量却是另外一回事。这就好比很长时间不锻炼之后，头一次走进健身房一样。看到T恤下面露出的肚皮上的褶子，那种感觉真的糟糕透了。站在体重秤上，摆弄摆弄吱嘎作响的称重砝码，试图让它少显示半磅，这种做法是要遭谴责的。但就我而言，我的体重已经增加了。我已经选择了不积极锻炼，忽视自己的健康了。

我已经选择把技术排在自己家人的前面了。这比一身肥肉更让我感到沉重。

技术已经成为我们社会生活中如此重要的一部分，很难向人们展示技术对我们的幸福已经造成了多么大的危害。就像酒一样，适度饮酒有好处。但直到几年前，这种监视经济还在谴责彻底的数字禁欲的做法。虽然谷歌及其他硅谷公司鼓励沉思与正念，并将其作为企业文化的一部分，但是很多人都觉得这种信息的传达只不过是为了掩盖大范围的数据探查行为。而像我这样的犬儒主义者则觉得这些公司之所以推崇沉思，目的是为了给其员工提供一种工具，帮助他们消除因为操纵民众而产生的愧疚感。

但随后，有些东西就变了。

受到陈一鸣（他是谷歌的“善心好汉”，同时还是《纽约时报》畅销书《探索内在的自己》一书的作者）的思想所启发，脸谱网一位名叫丽贝卡的年轻工程师开始练习沉思，并使之成为她每天上班前日常养生法的一部分。起初她还持怀疑态度，觉得这可能是“吹嘘捏造出来的嬉皮胡扯的东西”，但到后来，她意识到这种硅谷版本的正念其实就是一种大脑训练。她每天都会去健身房锻炼一小时，所以对她来说，每天抽出半小时的时间锻炼锻炼自己的大脑也是完全符合常理。一个朋友向她推荐“动动脑”（Lumosity）这个网站，她立刻就注册了。网站宣传的通过玩个性化的游戏来增强认知能力的想法让她觉得非常受用。几个月后，她发现自己的压力大幅下降，并感觉自己的情商也提高了。

但直到读到越南禅宗佛教一行禅师所说的一段话，丽贝卡才下决心做出那件将要改变人类历史的事情。那天，她点开一个朋友的推文，并由此转到了小活佛网站上，她读到了一行禅师的这段话：“我们能为他人提供的最珍贵的礼物就是我们的关心。当正念拥抱我们所爱的人时，他们会像花儿一样盛开。”这让丽贝卡茅塞顿开，或者准确地说，这打开了她的正念。如果说她原来只是把沉思当作自我帮助的工具的话，那么现在她却想把顿悟给自己带来的好处与他人分享。而且她还觉得，如果一面表示支持沉思，一面又绑架众多用户的身份以窃取其数据，这便是一种最为卑劣的伪君子行径。

丽贝卡要求与马克·扎克伯格见面，并说出了自己对资本主义危险的担忧，指出了消费与社会地位不会可持续发展的原因，以及给人类带来的痛苦。在他们的谈话中，扎克伯格看起来既焦虑又感到厌烦，但直到丽贝卡指出让人们拥有并控制自己的数据这一商机时，他才表现出兴趣。她主动要求构建一个基于云的存储服务协议，从而与Dropbox云存储、亚马逊等对手竞争。它允许用户把自己在脸谱网及其他所有社交网络上的数据存储起来，并对此收费。即便从她给出的最粗略的财务数据中，也可以发现这里蕴藏着巨大的利润。

这引起了扎克伯格的注意。

Facecloud（脸谱云）并未一炮而红。测试运行两年之后，用户才相信脸谱网是真心想让他们控制自己的数据。幸运的是，在读到麻省理工学院媒体实验室的阿莱克斯·“桑迪”·彭特兰的“数据新政”（New Deal on Data）后，丽贝卡把他也拉进了这个项目。该“新政”是“数据所有权的再平衡，它对数据被收集起来的个人有利。这样，人们就能像控制自己的身体、自己的钱财一样，有权控制自己的数据”。彭特兰的想法相当简单：就如同一个人能够控制诸如Fitbit这样的可穿戴设备一样，“新政”把这种控制权的范围扩大到了物联网。如今，不论任何实体想要从某人那里获取数据，都必须让他或她本人知道他们想要挖掘哪些信息，以及如何使用这些信息。彭特兰的想法在意大利特伦托市进行过测试，在该测试中，有数百户人家遵守该社区共同创建的“数据新政”。正如彭特兰在《哈佛商业评论》的一次访谈中所指出的：“和不遵守‘新政’规定的人相比，这些人共享的东西更多，因为他们相信这个体系，并了解共享的价值。对个人数据充满信心，有利于经济向好的方向发展，而不至于变得更糟。”

这些想法促使Facecloud发展成了一个高度个性化的经济仪表板，而不仅仅是人们存储数据的安全仓库。刚开始时，人们对这个想法还不太适应。虽然有些用户不喜欢给脸谱网提供其个人数据的“黄金副本”，即加密版的个人可识别信息（PII）这个主意，但Facecloud将脸谱网连接（Facebook Connect）纳入到其服务范围里，这样，人们就可以安全地畅游网络了。用户知道自己的信息得到了保护，因为这项服务能够做到只提供最小量的预先批准信息，就能满足任何交易的需求。

这意味着一个人可以选择避免受到一天内所浏览网页的追踪。Facecloud可以识别并删除所有Ccookie的追踪及其他追踪设备，使之无法生成有关该用户的任何信息。这个逻辑同样适用于物联网。当一个使用Facecloud的用户走进一间装有智能恒温器的房子时，他可以选择不让自己的信号被追踪。这就促使了文化礼仪新形式的产生，在这套礼仪下，Facecloud的用户会让朋友知道他们在哪种情况下屏蔽了某种类型的追踪。

对于不在乎数据追踪的人来说，这不会带来任何改变。而真的在乎这个的人也终于有了选择的权利。

最终，谷歌将自己的产品设计与Facecloud相结合。由于一些用户不愿意使用谷歌的具有面部及声音识别技术等深度监控特色的自动驾驶汽车，谷歌的营收一直在不断减少。所以，谷歌索性向用户提供了这样一个选择：Facecloud用户及其他人可以通过付一笔钱来使用谷歌无监控汽车，也可以选择用预先批准使用的个人数据来

“支付”。一些谷歌迷抱怨说，这种架构增加了不必要的复杂性，因为不管怎么说，在当前的系统中，个人数据通过广告就可以支付服务的。但人们还是渴望获得Facecloud提供的透明服务，不仅仅是为了提倡开放的哲学理念，更是为了弄清楚个人数据是如何被使用的。自互联网诞生以来，人们头一次能够看到其个人信息多么频繁地被用于牟取商机与利润的动机。如今，他们可以直接从这些资产中受益了。

起初，Facecloud引起了隐私拥护者及开源运动粉丝们的极大关注。但直到脸谱网引入Oculus Rift虚拟现实技术，让用户能够实时体验挖掘个人数据的过程时，这项服务才引起轰动。起初，Oculus产品是一种笨重的头戴式设备，跟护目镜有些类似，自初次发布后的几年以来，其价格和体积都降了下来。如今Oculus设备都是装在只比苹果耳机稍微大几英寸的盒子里进行出售的，包括两副隐形眼镜和一副配套耳塞。戴着这个设备，任何人都会以为你只是在听音乐或者打电话。

但是该产品却配备有蓝牙和信标技术，一旦其他系统尝试获取你的数据，它就会发出可视或声音警示。在这款使用Oculus-Facecloud系统的新产品上市几天之内，YouTube网站上就出现了大量的相关视频。视频里，人们戴上这个眼镜设备，穿过自己居住的街道，感受全新的体验。根据视频截图显示，当Oculus-Facecloud用户视线的右上方出现一道红色闪光，并伴随着一声尖细的鸣叫声时，就意味着有外部来源正尝试获取数据。在所有这类YouTube视频中点击率最高的一个，讲述的是一名伦敦的用户，在她从公寓走到两个街区外的一家杂货店的过程中，其数据曾有7 000多次被尝试获取。短短的一段路，闪光不断，鸣叫声不绝于耳，看起来就跟在战场上一样。如此高频率的数据干扰简直成了Facecloud的试验场。人们终于能够切实地看到其生活中的数据追踪有多么严重了，他们终于急切地渴望控制这每天都要面对的高频数据交换了。

Facecloud开始根据用户所需要的信息或在不同情况下想要的服务，为用户提供一系列的选择。例如，在大多数公共场所，人们都会想要使用GPS定位或地图应用程序，这时Facecloud就会说明他们需要提供给周边服务哪些数据，才能使用上述功能。很多地方的免费Wi-Fi都安插着恶意软件，这些软件会在人们的手机上插入跟踪装置，以用于犯罪目的。对于Facecloud用户来说，这就意味着他们要么等着使用安全的公共Wi-Fi，把手机设成漫游状态，要么选择使用手机上的静态地图。在这种情况下，令人震惊的是，有一些人甚至会选择向其他人问路。

等该系统其他实用功能就位之后，Facecloud用户还可以控制其所处的社会环境。这意味着在公开场合中，透过Facecloud的数字眼镜来看的话，很多路人的头顶上都会飘着推特或领英等社交网站的标志。或者，他们会发送出一个信封的图标，表明他们想要在公开信息之前与人沟通。

对我而言，如果我是在公共场合的话，我会允许别人访问我的社交网络或给我发邮件、发信息。但是，如果我的Facecloud系统发现有人正在使用面部识别软件试图识别我的照片时，它会把我的照片变模糊，以免被别人识别出来。法律不会阻碍任何人保护自己的照片，以防止在未经同意的情况下被追踪。这就有助于人们拥有控制权，能够决定自己在哪种虚拟或实际公共场合中被识别出来。

在公共场合，我还会公开自己的幸福分数。就跟Fitbit及其他运动应用程序构建出的数字社区一样，如今很多人都已经加入了以提升幸福感为核心的服务团队组织。例如，如果你戴着Facecloud-Oculus走路的话，不出10英尺便可以看到头顶上飘着一个大脑图标的人，这意味着他是个热衷于正念的人。你还可以看到有人的头上有个笑脸图标，还有两只掌心朝外的小手。这个图标的意思是他们正在练习感恩。当我有与人交流的情绪时，我会打开实时情绪测量仪，把我的幸福状态以彩色圆环的方式呈现，颜色深浅根据我一天的状态进行切换。从本质上来说，这就如同加强版的情绪戒指，还可以设定成彩色光环的模式，在我的头部和肩膀周围闪闪发光。

我承认，这是有点儿太过理想化了，但这种生活方式无疑是相当震撼的。

这个幸福框架让我最喜欢的一点，并不在于人们能够看到我内心生活的外在反映，而是因为当我附近的Facecloud用户能够借助我所拥有的技术或才能提升其幸福感时，我能够立马看见相应的迹象。这就跟戴着名牌参加某项社交活动似的，只不过我结识的不是新客户，而是一位新朋友。在研究利他主义的过程中，我认识到帮助他人能够增强一个人的自尊心。所以，现在Facecloud就在帮助用户增强幸福感，并在这个过程中磨炼其社交技能。该平台为同一个社区里的人们提供了一个互相帮助的莫大良机，同时又能避免侵犯他人，因为用户有权选择何时将自己的需求公开化。用户通过评论或反馈，构建了一个基于责任与信任的评分系统，这就有效抑制了有人试图在这个系统中耍花招的问题。

Facecloud已经创建了一个应用生态系统，所以，像我刚才讲的幸福平台这样的东西就可以和社区的经济层面联系起来了。例如，可以对人们的税单进行细分，以找出他们可以帮助邻居减少支出的地方。许多社区还建立了志愿者数据库，这样人们就可以去看望老年人，既增强了自己的幸福感，又帮助了年迈体弱的老人。这样的拜访能够带来越来越多的好处，既大大降低了与抑郁症相关的医药成本，同时又能让使用该系统的社区居民享受税收减免的政策优惠。围绕教育、健康和环境等问题，类似的系统框架也已经建立起来了。通过付出自己的时间与才能来满足特定的社区需求，居民们不仅增强了自己的幸福感，而且还为当地政府提供了免费的特殊资源。

Facecloud的确不同凡响，其创建的根基——数据新政亦是如此。尽管我非常喜爱这个系统提供的所有新应用，但有的时候，我更愿意把“所有”数据都屏蔽掉，就像在互联网出现之前、在增强现实出现之前、在人工智能出现之前那样，抬头看看这个真实的世界。

我儿子理查德也提出了一个简单的办法：“摘掉眼镜和耳机，爸爸。享受一下真实的生活。”

而如今，我的数据得到了保护，并处于我的掌控之中，我就可以这样做了。

> 迄今为止，个人数据已被数百个垂直行业分解得支离破碎。很快，我们就有可能把这些细碎的数据收集整理成一个单一的数据库，以史无前例的广度与深度，创造出世界上第一个能够反映一个人的生活的数字画像。这个数据集合的价值对任何一个拥有它的卖方来说，都是极具诱惑力的。唯一能够尽职尽责地管理好这些数据的人，就是数据所代表的那个人。
>
> ——T·罗布·怀亚特，IoPT咨询

隐私并未死去，它只不过没有得到妥善管理而已。

在对个人数据的讨论范围之外，隐私的定义非常明确。所以，如果我们正在上厕所，有一位陌生人走进来，并开始跟我们聊天的话，那我们多半会感到很愤怒。或者，如果有人在一个朋友的葬礼上散发汽车广告传单的话，那我们也不会放过他。我们把这些行为称作侵犯个人隐私的行为。

而在数字领域，我们许多人都自认为隐私已经死去，这得到了依赖从传播他人数据中获利的机构的大力支持。但请认清楚问题的根源。从法律的角度来看，不管是生活在世界上的哪个国家，隐私肯定没有死去。它通过各种各样的立法形式而受到法律的保护。而且全世界的人们都在顽强地抵抗，竭力保护所有形式的隐私。

我有意选择使用“控制”一词来展开对个人数据问题的探讨。这样，我们就可以着手创建某种系统，允许个人就其数据做出自己的选择。当然这需要形成有关隐私偏好的哲学理念。就比方说钱，银行机构为使用其服务的人提供了一个存放并兑换金钱的地方。如果这种信任关系（银行—客户关系）之外的某人或某机构试图拿到这些的钱的话，那这就是一种侵犯或者犯罪行为。

银行服务的例子为个人数据问题提供了一个很好的类比。你分享的每一条有关自己的信息都是一项资产。有时，它可能会有一定的货币价值，如你的信用卡信息。有时它的价值以揭示你的生活的方式呈现，如你当前的位置。

但在下面这种情况下，银行服务的比喻就变得更为复杂了。尽管一般来说，人们会把钱存在一家银行里，但在如今的互联网经济中，分享的数据在仅仅一天的时间里就被分包给了成百上千家机构。有些公司和用户有着直接的关系，如脸谱网或某个网上零售商之间存在的关系。但大多数拥有你身份碎片的机构跟你都没有任何关系。你跟他们没有直接联系，所以无法相互确定对等的价值交换。这意味着他们从你的行为和身份中不断获利，但你反过来却没有得到任何补偿。简言之，他们在偷窃你的资产。就跟嘉年华里的小偷一样，他们趁你不注意的时候，扒走了你的钱包。

这就是这些机构从你身上窃取信息的骗局——他们获得的洞察不是建立在双方同意的基础上的。想象一下，一名男子向一名女子要电话号码，以为她对自己挺感兴趣。她微笑着在纸巾上写了个假号码递给了他，他第二天就打过去了。这名男子误解了女子的意思，因为他的决定是建立在错误的设想之上的。把这个例子重复上演一千遍，就是当前的互联网经济的现状。尽管确定人们行为与偏好的算法在复杂度和精细度方面不断在进步，但离开了双方同意的透明化，这些算法还是做不到准确。和信任关系下创造的价值相比，蛮力分析的方法显然逊色不少。

供应商关系管理与“数据银行”

在当前的互联网（物联网）生态系统中，我们的个人数据通过成百上千个由公司控制的客户关系管理（CRM）系统被挖掘和分析。这些系统对我们的行为进行追踪，试图发现能够刺激购买的商机。正如下图所示，客户关系管理系统这个概念之所以难以理解，其中一个原因在于各个机构为了获得用户的信息所使用的系统各不相同。他们从自己所出售的商品的背景出发进行追踪，而且与用户之间根本不存在任何直接的关系。

而供应商关系管理（VRM）却改变了这种动态。“供应商关系管理项目”由道克·希尔斯创立，他是《线车宣言》一书的作者、哈佛大学伯克曼互联网与社会中心的成员。该项目致力于“鼓励工具开发，以使个人能够借此控制其与机构——尤其是与商业市场机构的关系”。该项目的特色成果包括功能强大的维基网站，包含了全球自 2008 年发布的所有信息。

仔细观察一下供应商关系管理图。可以看出，个人能够控制其数据被任何机构或个人进行访问的方式。尽管图中显示的是一台电脑，但大多数人在进行讨论时，都会把这种交换门户看作一个个人云端。这还被称为数据银行，正应了我在前面所给出的类比。不管怎么称呼，它的作用就好比 Dropbox 等能够安全存储数据的服务，能够像自己家里的安全服务器一样安全地存储数据。

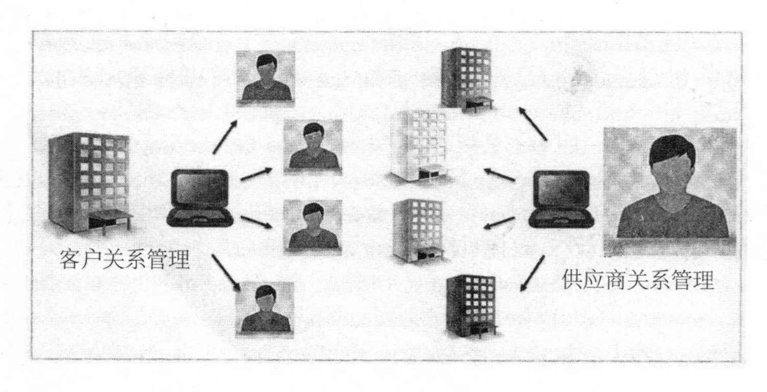

如果你跟我一样，曾在互联网时代之前从事过办公室工作，那你应该会记得那时要先把文件存为 Word 文档，放在软盘或 U 盘中，然后才能交给同事。文档仅有的副本就是你电脑里和你同事手里的两份。你可能会担心如果磁盘找不到了或者坏掉了，数据就会丢失。但是，除非你从事的是间谍工作，否则一般是不会有人在你不知情或未经你允许的情况下把数据偷走的。

现在，想象一下当今的世界。当你开始使用任何一款标准手机时，你就已经把自己的实际位置透露给了很多应用程序或服务，是你给了它们访问权限。当你查看脸谱网时，你的每一次点击都会被追踪并反馈给算法，然后你就会看到侧边栏上的广告。而访问一个新网站呢？成百上千的Cookie追踪设置立马就开始追踪你的行为，其中有很多可能都携带着恶意软件，会安装在你的电脑上。当你走出门时，你的健康追踪信息可能就会被发送给制造商。当你在零售店买东西时，信标临近技术便能够十分详尽地识别你的行为。当你在星巴克使用未加密的无线网时，坐在邻桌的黑客就可以侵入你的电脑，盗取你的数据。

这样的事情每天都在我们的生活中一遍又一遍地上演。出于分析的目的，公司会对我们的行为进行追踪，而每一家公司对我们生成的印象都各不相同。这无数种身份构成了遍布全世界的各种数据库，但没有一个是我们能够访问的。我们身份的各种细小碎片，如群星般的有关我们生活的洞察，均为他人所有。我们永远没有机会看到。

虽然我的确相信数据代理商和其他机构正积极地让这个系统保持不透明，从而提升其利润，但很多追踪我们数据的广告商和公司之所以这样做，是因为这是他们唯一可以利用的一个系统。他们之所以追踪我们，是因为这是能够获取我们生活的某些信息的唯一途径。但这并不意味着他们不应该努力使用一种更好的模式。然而，正如道克·希尔斯之前在我为Mashable网站所做的一次采访中指出的：

> 我们已经把工业时代数字化了。公司感觉他们不得不扩大规模，所以他们不得不对所有人一律采取同样的态度。但人们希望被当成单独的个体来看待。任何有效的市场都应该以此为

基本条件。

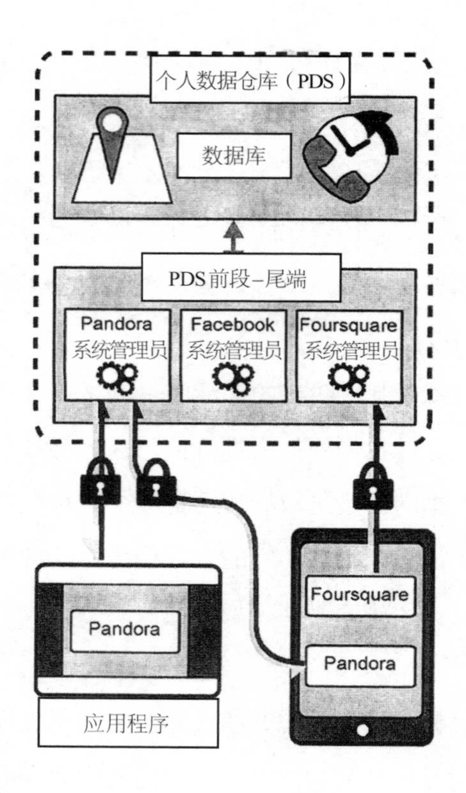

有没有哪个本地商店真的认识你？我知道有几家店的人认识我。其中一个是早餐店，那里的员工都知道我喜欢在咖啡里加点儿豆奶。我这个习惯很奇怪，也很特殊，他们是很努力才记住的。这让我既感动又震撼。为表达感激，我给他们多留了点儿小费。这种关系正是人们和试图利用其数据的机构之间应该拥有的。

从技术的角度来看，能让用户只分享他们在特定场景中愿意揭露的数据的技术已经产生了。例如，在彭特兰的特伦托实验中，使用了一种被称为开放PDS（个人数据仓库）的软件，它允许人们控制数据的流转。虽然这说起来有点儿奇怪，但"开放PDS"的工作原理在其网站上的“只有答案，没有原始数据”部分已有解释：

> 通过“安全答案”，有关用户数据的一般计算过程都可以在安全的PDS环境中进行，在用户的控制下进行：用户不再需要交出数据才能获得某项服务。只有应用需要的答案——某些经过概括总结的数据走出了用户PDS的界限，被提交了上去。这就足够应用来判断用户是否活跃，或者用户当前处于哪个一般地理区域了。用户也不再需要上传原始的加速计或GPS定位数据了。通过相应的问与答模块，这种计算过程可以在用户的PDS内部完成，没有必要再往应用所有者的服务器发送原始的加速计数据或GPS定位信息，然后再让其处理了。

翻译过来的意思是：各应用或服务不再需要你的关键个人信息数据，就可以提供其核心功能了。因此，分析的过程可以在你的个人数据仓库里完成，而不会向外界透露你自己的原始信息。这就在很大程度上避免了服务机构把原始数据提供给你从未接触过的第三方。

很多像这样的数据银行或仓库还允许你“消灭”数据，即该系统一旦发现有第三方未经授权访问信息就会上报，然后你可以直接把它删掉，就跟删掉你电脑里的一份文件似的。

Facecloud就是建立在一个类似“开放PDS”的系统之上的。它提供了一个框架，以便执行供应商关系管理系统，或者说由个人控制的个人数据流转。可能你会觉得这太麻烦了，不适用于你的生活，但像Personal.com等公司已经开始提供Fill It（填满它）等特色服务了。它可以让你一次性输入PII数据和个人信息，可供你将来在网上以任意一种形式安全地重复使用。这是一种个人云服务，在你设定偏好之后，无须再次输入。所以说，像“开放PDS”这样的系统，其使用的方便程度要比现在大多数人输入密码或其他处理个人数据的方式要好得多。

控制个人数据

Facecloud的这个想法不仅仅是为数据或密码交换提供一个框架而已。在不久的将来，我们将会见证个人数据情境共享的一面，这在前面讲到的有关人们在虚拟环境中能够看到哪些信息的各种情景时已经有过简单描述。鉴于个人云或银行可以安全地实现数据存储与共享，可以说明我们生活数据的仪表盘就成了某种“备份互联网”（Internet of Pings），即能够把有关我们数据的所有信号连接起来，形成一个单一平台的中央数据库。在这个平台上，我们可以管理并组织自己的生活。

欧洲一家叫KuppingerCole的分析公司曾针对此趋势发表过一篇报告，题为“生活管理平台：个人数据的控制与隐私”。该文引用了道克·希尔斯《意愿经济》一书中有关供应商关系管理的想法。KuppingerCole公司认为，在未来10年内，这些平台将会对全世界人们的日常生活产生深远的影响。以下是该公司所预测的生活管理平台对私家车将会产生的影响：

> 几年以后，我将能通过一把虚拟钥匙打开汽车，这把钥匙和其他与这辆车的使用与保养相关的所有信息都存储在我的私人领域里。这就好比某种数字版本的司机指南，它甚至还可以向汽车修理厂报告引擎熄火的毛病，这得是在你希望它这样做

的前提下（也只有在这种前提下才会）。因此，生活管理平台将会成为未来真正的联网汽车等事物的关键促成因素。

完全的生活连接远不止简单的数据共享而已。通过这些生活管理平台，哪怕我们日常生活中最为细小的事情也能实现完全个性化。例如，人们可能会在车里安装呼气酒精测量仪技术，当系统从其呼气中识别出酒精时，就会阻止这个人开车。或者，当家里有多名司机共用同一辆车时，每一把虚拟钥匙都将与相应个人的潘多拉或声破天软件账号同步。对于我们的健康与医疗账单、家庭、保险及约会生活等，生活管理平台都将提供同水平的高级个性化功能。在个人云端架构的保护下，这些数字仪表盘将会改变我们观察和体验这个世界的方式。

“HAT项目想要回答的是，可使我们做出更好决策的数据，其价值何在？”HAT是英文“万物枢纽”（Hub of All Things）的首字母缩写，它是一种个人数据平台，依靠生活管理的架构运行。通过该平台，个人可以购买应用程序，并借此在一个受保护的、以关系为基础的环境下进行数据分析或交易。上述引文出自我对艾琳·伍的一次采访，她是华威大学制造工程学院营销与服务系统教授，也是HAT项目的主要研究员，该项目于2015年首次公开推出。在采访中，她指出，大多数人在理解其个人数据的价值时，遇到的最大困难就是不清楚那些希望挖掘并测量其数据的各行各业是如何将数据垂直化的。“我们被迫进入了一个跨行业分隔的数据收集世界——银行信息、我们的血压等。因此，在不同的垂直行业里，数据的格式与收集方式也各不相同。”

但正如艾琳·伍所指出的，人们不会以垂直化的方式思考自己的生活。她避开了“智能城市”或“智能办公室”等概念，转而专注于个人数据使用的实际执行方法。例如，她提到自己在早上7点半到8点之间产生的所有数据，并把这段时间称为GRIM（早晨准备时段）。在这段时间里，她为自己的一天做计划。这些数据包括她的淋浴用水量、早餐吃的食物，以及根据实时天气状态而想穿的衣服。如今，这类数据可以通过数十种应用进行收集，这给个人管理数据带来了不便，而利用HAT仪表盘或者生活管理平台就可以省去这些麻烦。

该平台还将“开放PDS”等安全性功能纳入进来，提供个人之间或个人与外部机构之间的“直接数据借记”服务。所以，当艾琳的丈夫想要获得她的位置信息时，他们就产生了直接数据借记关系，信息仅在二者的服务器之间进行交换。没有什么中心制造商或其他类似谷歌的数据入侵者把交易弄得复杂化。随着个人之间数据借记历史的增长，有关其生活的洞察也变得更加复杂，更有价值。

这种数据借记的想法还可以用到广告商和品牌商身上。但作为个人数据的主要管理员，个人对这类关系提供的价值也更多。现在针对个人生活的极细微的洞察与分析都将在其如何购买、购买什么的直接背景下进行管理。对于个人和愿意与客户建立透明数据关系的公司来说，这是一种双赢。而不愿与自己本该服务的个人建立直接联系的不透明数据代理商或广告商则是唯一的失败者。

带来变革的“数据新政”

当前的互联网经济短时间内不会消失。它让很多人富了起来，而且大多数人都没有认识到其个人数据的价值，所以就算被偷了，他们也不会感到不安。但这个趋势正在发生改变。从爱德华·斯诺登的揭露开始，每一次新的安全丑闻或数据泄露都会进一步促进这种趋势的发展。从个人层面来看，人们会厌倦自己的医疗卫生记录被分散得七零八落。或者，他们还希望把自己的医疗保险公司屏蔽起来，不让他们访问自己的健康追踪器，从而防止他们把自己的数据发送给老板。但愿人们不是因为害怕而开始使用个人云或者生活管理平台。但愿他们只是意识到了其中的巨大利益、利润以及将会获得的洞察。

一旦实现制度化，这些平台将会为积极的巨大社会变革提供框架背景。如同我在开篇的故事中所描绘的社区利他主义的想法一样，在我们谈论这些平台将会诞生哪些新型社会经济形式时，艾琳·伍举了一个类似的例子：

> 假如我有一个大约四平方英尺的纸箱子。它和我的“万物枢纽”连接在一起，且装有一系列传感器，能够把数据传送到当地的一家食物银行。当我有一些快要过期，但我又不打算吃的食物时，我就会把它放在那个纸箱子里。而在遍布整个小区的这样的箱子里，都装有食物银行的服务器，而且食物银行还能知道哪些志愿者会愿意在某个特定的时间把社区里的这些箱子收集起来。这就意味着，“万物枢纽”平台将会拥有巨大的协同消费阶层，而其协调成本则远比现有的系统要低得多。这种做法将会引起一种全新的社会经济的兴起。

“数据新政”的很多益处都和机构组织有关系。就跟你会想要管理自己的思维文档，决定哪些推文、照片及视频能够代表你的身份一样，你也应该希望能够控制自己的数据。这与其说是隐私或哲学问题，倒不如说是控制本该属于你的资产的问题。你把自己的钱存进银行，难道你的数字身份就不应该受到同等的关注吗？

本章主要观点总结如下：

供应商关系管理。供应商关系管理的知名度日渐增长，但仍然面临着一系列的障碍。个人不了解其数据的价值，而许多广告商和机构觉得客户关系管理系统可以让他们在与客户打交道的过程中占据上风。然而，真正聪明的公司才会明白，个人对数据的控制意味着他们能够分享更深层、更丰富的生活信息。因此，与客户建立更深层的关系以及客户购买其产品的概率都会增加。

个人云。人们还没有意识到自己的个人数据有多少被他们并不认识的机构共享并出售。数据云可让个人处于其数据世界的中心，自主决定想与谁共享数据，在什么情况下共享。在数字经济环境下（而不是当前这个一片混乱的经济体制中），云技术是每个人所追求的唯一架构。

生活管理平台。网站经历了很长一段时间，才变得方便日常访问者使用。希望用户能够方便、流畅地访问其网站的机构，纷纷青睐用户界面及用户体验的建议。通过个人数据仪表盘，生活管理平台也能以同样的简便性，方便我们在日常生活中使用。

HEARTIFICIAL INTELLIGENCE

第 8 章　人工智能的价值观

2014 年冬

“6 圈。”我一边喘气，一边伸出两个手的手指，提醒自己绕着户外跑道跑了多少圈。以前，我总是弄不清自己跑了几圈，所以就用这个小小的举动来帮助我记忆。绕着跑道 3 圈是一英里，所以我在这 20 分钟里跑完了两英里。我坚持这样积极跑步已经四个多月了。刚开始时，我几乎跑不了两圈就得停下来走走。现在，只有在我必须去上班或者孩子该放学回家的时候，我才会停下来。

跑步的时候，我戴着一个 Withings 健康监视器，夹在短裤上。这个黑色的可穿戴设备大概有两个 25 美分硬币放在一起那么大，它测量我的步数、心率及睡眠状况。它可以通过蓝牙与应用程序同步，所以我可以测量我的健康数据。最近几个月我一直在坚持这样测量。我每天的目标是跑一万步，大约四五英里。在四个月的时间里，我只有三天没有完成这个目标，一次是因为感恩节，还有两次是因为我生病了。现在，我变得非常渴望去跑步或者去健身房锻炼身体。晚上，当我看到健康应用上的进度条“滴”地走过一万步，或当应用程序上显示“你已经完成了今天的步数目标！”的时候，我会觉得非常享受。如果我没有完成一万步的话，我就会一边原地踏步走，一边还看着《权力的游戏》等电视剧。这让我的孩子们感到很困惑。我不介意，因为我决心要完成每天的步数。这样，我不仅锻炼了身体，还完成了预先设定的每日目标。

我是一名音乐家。我会吹布鲁斯口琴，会弹吉他，有演奏机会的时候，我还会在当地的几支乐队里负责演唱。我们会翻唱B·B·金、史蒂维·雷·沃恩的歌，以及大家想演奏的各类音乐。我有幸能够住得离纽约市这么近，因为和我一起玩音乐的都是一些铁杆儿专业音乐人。我们有一名鼓手甚至还和原班布鲁斯兄弟乐队进行过巡回演出。之所以提音乐的事情，是因为我在跑步时会听到其他乐队的演奏，这是我在不锻炼的时候一般不会抽时间去听的。德尔伯特·麦克林顿的歌尤其适合跑步的时候听。在我跑不动的时候，我就会播放几首他的歌。在冲刺的时候，我会播放齐柏林飞艇乐队的“摇滚”。虽然听起来可能有些老腔老调，但如果听着邦佐的鼓声，我几乎是没办法不去冲刺的。

其他的时候，我会一边锻炼，一边听国家公共电台或播客。我发现，在时长一个钟头的有氧锻炼中，这是最有帮助的。因为这样我可以忘记脚步的节奏，而专注于听节目的内容。有时候我会觉得听国家公共电台有点儿做作，怀疑自己是不是一个能够抽时间去聆听有关动物喜欢古典乐这类节目的社会精英。但随后我就会忘记自己的存在，点开我想要了解的内容。如果我哪天不想学习点儿新东西的话，我就会感到后悔。

我的外祖父当了50多年的小学校长，活到了95岁的高龄。每次去看望他，他不是看杂志里的文章着了迷，就是被《60分钟》节目的某个话题深深吸引住了。在我还是小孩子的时候，我记得是一个夏日的夜晚，他手指着天鹅绒般渐渐变黑的天空，告诉我各个星座的名字。这个生动的画面一直让我记忆深刻。在那个被蟋蟀声环绕的夜晚，我的外祖父不只是在告诉我星星的名字，他把自己永不满足的好奇心和乐于分享知识的需求灌输进了我的大脑。他是个安静却快乐的人。厚厚的眼镜背后，他的一双眼睛里总是闪烁着光芒，一只手揉着额头，整理自己的思绪。

去年 8 月，在我们结婚纪念日那天，我跟妻子说我要开始锻炼身体。人至中年，我俩都开始听到身边有朋友去世或病重的消息。这让我们痛苦地意识到自己早晚是会死的，促使我开始反思自己的生活。这些是我之前一直在刻意回避的。一方面，在过去的几年里，我开始在家办公，体重严重超标，但我想送给芭芭拉一件礼物，来证明我爱她，而这份礼物需要不断的行动才能获得成功。她表达爱的方式就是做出爱的行动。作为一名作家，文字才是我表达爱的方式。结婚多年，我们才认识到要用对方的方式来表达爱，而不是自己的方式。

所以，我戴上了Withings监视器，开始跑步。现在将近四个月之后，我减掉了 30 多磅。我的脸又轮廓清晰了。一个月前买的“瘦腿裤”现在穿上已经太肥了。我还在练习举重，在我撑举的时候，二头肌竟然不会摇晃了。我每天都去健身房，甚至还有几个常去的人会向我点头称赞，他们可以举起比我的体重还大的重量。能够得到他们的赞赏，那感觉棒极了。注意，这并不是因为我已经是个令人艳羡的肌肉美男了（至少目前还不是）。我觉得他们之所以表示赞赏，是因为我每天都会出现在健身房，努力锻炼出汗，努力减掉身上的肥肉。这话真的一点儿不假。

我不知道以后还会减掉多少体重。我的新目标是在 46 岁生日前减掉 46 磅。这似乎是个很酷的抱负，甚至可以印在T恤衫上了。

我不确定自己是否能够保持住体重。但我真的改变了自己的新陈代谢规律。我还养成了锻炼的习惯，饮食也健康多了。最重要的是，我尽了自己最大的努力，向芭芭拉证明她不用再担心我的健康了。我仍然可能会被公交车撞，但现在，我逃脱的可能性更大了些。

我很享受在健身房锻炼身体的感觉。我喜欢看到熟悉的面孔。我有自己喜欢的跑步机和椭圆机。我有自己喜欢的一套锻炼各种肌群的方法，而且知道什么时候该督促自己前进，而不是往后退。这些习惯已然具有抚慰的作用了。健康不再只是我的身体健康而已，而是延伸到了我的精神和情绪领域。我无法阻止消极情绪的出现，但我可以通过锻炼来管理这些情绪。

对我而言，户外跑步还有更深一层的意义。许多切实的体验——温暖或刺骨寒冷的风，几乎要吹翻我头顶的棒球帽。还有坚实而崎岖的路面，长时间以来，经过的每个坑洼和每条沟缝都深深地印在了我的脑海里，使我更加自信地循着跑道迈出下一步。

另外，还有祈祷。每跑一圈，我都会关掉音乐，让自己集中注意力。我听着自己的呼吸，感受周围的自然环境。然后，我就会祈祷。别人冥想——我祈祷。跑步的时候通常就是我感觉离上帝最近的时候。

人们可能不喜欢我这个人，我的书可能永远都卖不出去，我可能永远都不会富裕。但当我跑步的时候，我便会抽离这些世俗的杂念。在汗水浸透衣衫时，更深层的真理就会渐渐浮出水面。随后的一个短暂却令人神往的瞬间，我感受不到自己身体的移动了，我忘记了自己在思考，我就停在了那个瞬间。我说过我要恢复体形，我也在努力的过程中。我不知道未来会怎样。但此刻，我感到非常知足。

明天的事明天操心。

追踪数据就是追踪价值观

当你的价值观明晰时，做决策就会更简单。

——罗伊·E·迪士尼

我并不痛恨企业，也不痛恨专注事实并采取基于许可而非监视的营销策略的广告行为。我所憎恨的，是根据一个人挣多少钱来判定这个人的价值大小的想法。同样，那种认为一个国家的幸福取决于其GDP或其他财务指标的观点也让我极度反感。这两种观点意味着，全世界的孩子们在成长的过程中都会尊崇金钱，而非目标意义。

我们进行计算的东西都是我们所关心的。金钱不仅是我们生存所必需的东西，而且还很容易计算。它的这个特点非常好，尤其是当你（1）有钱，（2）精于数字计算，（3）置身于重视财富积累的文化中时。但是，我们对有钱人所持有的尊重并不一定能反映出他们的优秀品格。而且，我们在追逐金钱上花费的时间也不与幸福感的增强成正比。

我并不是要说金钱是万恶之源。但更多的时候，金钱是获取身份的途径。如果你富有而又可恶，人们仍然会时常敬重你。如果你贫穷但聪明，通常你就不会为人所知了。这个世界确实就是这样运作的，但事实是，这样并不意味着就正确。它意味着这个世界已经被培养得重视金钱、重视有钱人，而不是其他不太容易鉴别的特点。

到目前为止是这样。

如今，我们中间出现了一些有影响力的人——他们凭借创意，有时是因为尖锐的观点，在社交媒体渠道拥有数百万次的浏览量。他们的知名度或许能给他们带来财富，但他们最初获得吸引力是因为自己的努力感动了人们。

如今，可穿戴设备也出现了，测量着我们的行为，也对外公布着我们的责任义务。今天我们去健身房了吗？有没有说到做到，按时休息？这种责任开始以新的方式影响着他人对我们的看法。办公室同事可能会纳闷为什么你已经买了三种不同的运动设备，但还是没能保持体形。这跟你在工作中的潜在生产力会不会存在什么关系呢？很快，公司里不使用可穿戴健身设备的人就会遭到歧视。为什么凯伦不使用计步器呢？难道她不知道自己体重过重会让我们的保险费率居高不下吗？随着物联网的不断成熟，我们在追踪数据的同时，也在追踪着我们的价值观。

在得克萨斯州奥斯汀市，许多家庭在“幕乐”（一个追踪电力使用情况的有组织的绿色社区）中所表现出来的正是这种行为。《时代》杂志记者布莱恩·沃什在2014年6月发表的一篇题为“这是美国最智能的城市吗？”的文章中指出，当地居民能够实时地了解联网家用电器及电动汽车如何影响账单和当地电网。这提供了一个完美的示例，说明了我们的行为影响的不仅是我们自己的生活，还有周围的社区。就“幕乐”而言，当各个家庭选择为电动汽车充电时，这就形成了一种社区意识。尽管公共事业部门觉得大多数人会选择在下班后充电，让当地电网不堪重负，但事实上各个家庭会选择在夜间非高峰期且价格比较便宜的时段充电。工程师们也在尝试通过各种方法，让电动汽车在白天存储足够的剩余太阳能，以供晚上在家里使用。正如项目参与人吉姆·罗伯逊在文中所指出的，“这真正地显示出了智能家庭的价值所在”。

但对这些家庭来说，智能家庭的价值远不只是金钱而已。它们还能保护环境、减少对社区的压力，并减少浪费。这些数值都是可以追踪的，可以在实施前后进行测量。不参加这个项目的人可能会得到负面评价。为什么琼斯家一直开着空调，给我们小区带来负担？这是将来我们要面对的一些文化范式。在这些范式下，金钱仍然是个重要角色，但价值观则会成为更重要的行为驱动因素。人们将会前所未有地塑造并推崇个人品格。

追踪你的价值观

本章开头的故事是真实的，只不过我妻子的名字不叫芭芭拉。当我在写这本书时，我的体重在四个月之内下降了 31 磅。我的目标是在过下一个生日之前减掉 46 磅。尽管我决心开始减肥是为了妻子和孩子，是为了最大限度地减少他们对我腰围的担忧，但我同时还意识到如果不花时间锻炼的话，我就对不住自己的信仰。

我是通过追踪自己的价值观得知的。真的。

这个想法是从我一个叫康斯坦丁·奥吉姆伯格的朋友那里得来的。他把自己的研究称为“入侵幸福”（他那时知道我正在撰写一本同名的书[①]，所以我立马就对他的项目产生了好感），通过建立一些成熟的理论来追踪其行为是如何反映在所陈述的价值观里的。首先，他利用rTracker应用程序，设计了一份日常价值观调查表。这个应用可让人轻松地为某个活动设定任何你想要测量的指标。随后，他从两个有关价值观追踪的知名理论，即Ryff心理幸福感量表和施瓦茨价值观理论中理出了一些度量标准。通过考察这些因素，

① 原文书名为Hacking Happiness。——编者注

他想要对自己的“价值观失谐论”（该理论认为，“不能根据自己的价值观生活会导致不幸”）进行检验。我觉得这个概念很有道理，值得我在自己的生活中进行试验。以下是康斯坦丁“价值观失谐论”中所包含的14项指标，另有图表说明他是如何利用rTracker应用程序进行测量的：

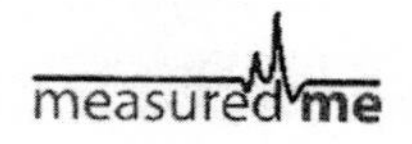

价值观失谐论

- 金钱
- 事业
- 成就
- 享乐
- 冒险
- 创造力
- 学习
- 独立
- 世界与社会
- 家庭
- 朋友
- 情感
- 健康
- 精神平衡

· 早晨/下午/傍晚
· 重要程度（满分10分）
· 满意程度（满分10分）
· 失谐度=重要程度－满意程度

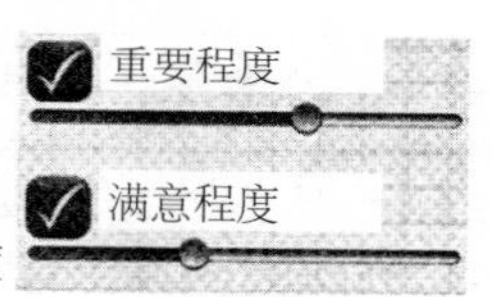

在测量的过程中，康斯坦丁利用这个应用，每天记录所追踪的这14项指标的数值（重要程度及满意程度）3次。34天以后，他发现了各种有意义的深刻见解——例如，陪伴自己的配偶或狗、做饭及放松活动有助于让他感觉更幸福。他的研究结果还表明，在工作或锻炼上所花的时间与幸福感呈负相关。从实际的角度出发，康斯坦丁告诉我，他把自己的追踪指标拿给老板看，并请求老板为他调整工作角色，从而更好地契合自己在试验中测量出来的价值观。他老板被他这种积极的姿态打动了，后来当康斯坦丁在工作上效率更高且更开心时，他和老板都为他的成功而感到高兴。从这个角度来看，追踪价值观便不只是一项学术活动，而是识别并开展能够让你增强幸福感的活动的一种工具。

就我个人来说，我利用康斯坦丁的方法追踪自己的价值观大约三周的时间，然后，我发现了一个非常明显的趋势。尽管许多指标在重要程度和满意程度上得分都很高，但是“健康”指标在两方面的表现却一直都很低，虽然我平时挺重视健康的。当然，对于这个发现只有一种解释：我没有进行任何锻炼。

虽然这么细致地进行活动追踪很费时间，但有一个好处就是，你一般不会撒谎。承认自己某个早上或某个下午没有锻炼身体，这不会让人觉得有什么大不了的负面影响。所以，你就会记录下这样的数据。这样就可以避免大多数人都有的调查偏见，即尽可能地展示自己最好的一面，而忘记了自己实际上是怎么做的。这也是我觉得被动数据采集非常强大的众多原因之一——不仅可以省去时时追踪的麻烦，还能获得有关自己行为的客观结果。

对我来说，当我看到线形图里毫无起伏的直线反映出我缺乏锻炼的事实时，我感到相当震惊。体重问题是我一生中不断要应对的难题，所以当面对我的坏习惯时，我很容易感到羞愧。但在这项研究中，我不是为了减肥——我是在追踪自己的价值观。虽然研究中的其他度量指标（如创造力与学习）也没有真正达到我希望的程度，但我确实没有在健康上面花费“一丁点儿”时间。作为一个正直的人，如果我告诉自己的生命中最重要的东西与我每天实际的行为之间存在着（正如康斯坦丁所说的）失谐的话，那我又如何能自我感觉良好呢?

虽然最初这个事实的发现并不怎么开心，但它却赋予了我采取行动的极大力量。如今，我不再是简单地幻想能穿上瘦牛仔裤了。相反，我开始计划着去健身房锻炼或者去跑步，以此彰显自己的价值观。在不断的探索追求中，我努力保持生活的平衡。我相信像康斯坦丁的这些指标之间的平衡有朝一日将能够带来最大的幸福。但在当前这个生活阶段，我还在为过去丧失的健身机会做补偿。尽管我不能回到过去，不能重获过去牺牲掉的个人诚信，但这还是在不断激励着我努力坚持每天的锻炼，因为我想践行自己的价值观。我想成为一个言而有信的男人——对我的家人、对这个社会，尤其是对我自己。

1989年，卡萝尔·D·瑞夫（Caol D.Ryff）发表了一篇题为"幸福就是一切，对吗？心理学幸福意义之探索"的论文，（在我谈到康斯坦丁做出的研究贡献时）她提出了后来被称为"Ryff心理幸福感量表"作为补充。这是一份完整的详细目录或调查表，围绕康斯坦丁的工作展开，篇幅有长和中等两种，反映了心理幸福感的六大领域。参与调查的人依据从1到6的标准打分，其中，1代表强烈不认同。以下是艾奥瓦大学的特里西娅·A·塞弗特从瑞夫目录中摘选出来的陈述示例。请一一浏览并根据自己的情况从1（完全不是）到6（完全如此）进行打分，以便大致了解自己的幸福程度：

瑞夫目录各领域的陈述示例：

自主

- 我对自己的想法有自信，哪怕这些想法跟普遍共识相反时亦是如此。

环境掌控

- 一般情况下，我感觉自己能够控制自己所生活的处境。

个人成长

- 我认为拥有新的可以挑战对自己及这个世界的看法的体验是非常重要的。

与他人建立积极关系

- 人们会认为我是一个乐于付出的人，愿意把时间花在别人身上。

生活中的意义

- 有些人生活得漫无目的、徘徊不定，但我不是那样的人。

自我接受

- 我喜欢自己性格中的大多数方面。

如果你和大多数人一样的话，那你以前可能从未接触过这类问题。是不是很引人深思？你可以设想如果开始追踪的话，你能在多大程度上对这几个领域中的每一项付诸实践呢？瑞夫对积极心理学的部分贡献就反映在她在这个领域的工作中。她在文中指出，“积极心理学自建立之初，其对人类的不幸与灾难的关注就远远多于对积极心理的起因及后果的关注，而后人们对心理幸福的研究兴趣便日益增长”。关于积极心理学，我们将在下一章进行详细探讨。积极心理学的主要假设是人们可以通过参与经常性的、可测量的行为活动增强幸福感，就像健身养生有益于身体健康一样。

这个揭示意义重大。虽然大量的实证研究都集中在对抑郁症或精神病的分析上，但从大约15年前开始，积极心理学领域便开始致力于识别幸福的行为表现。因此，我们有那么多人都是根据情绪来判定自己是否幸福或者何时幸福也就情有可原了。但纯粹为了幸福而追求幸福是不可能的——所谓幸福或者幸福的缺失是“蕴含在一定过程中的”。

沙洛姆·H·施瓦茨在其影响深远的文章“价值观的内容及结构

共性：20国理论进步与实证检验”中总结了来自40个后工业化国家的研究对象所具有的10项共同价值观。

尽管对任何个人或群体所持有的普世价值观进行统一假设向来不易，但是施瓦茨的研究却发现，具有不同背景的人一般都共享一套核心道德信念。这些道德信念并不一定就是道德的绝对真理，因为不同的人或国家对它的解读方式不同，这也就决定了其行为的不同。但甄别并指出这些价值观可以让我们有一套一致的词汇表达和一系列的标准，从而能在更深层次上来考量我们生活中重要的东西，而不只是局限于金钱层面。

如果我们不再只是被定位为消费者，那么个性化算法便可以关注哪些东西能给我们带来幸福，而不是影响我们的购买行为。如果GDP不再具有那么大的影响力，如果生产力及利润的增长不再是我们在全球范围内进行衡量的主要价值观，那么我们就可以自由地检验并测量其他能够让我们更幸福的度量指标了。如果神经科学家和人工智能专家在考虑如何在机器中复制人类意识，而且如果我们正处于这样一个历史时代，难道我们就不能更新一下GDP这样的经济结构——这个在“二战”之前发明出来的结构吗？诚然，建立人工智能在创造及发展过程中的道德标准十分困难，但我们不应该在发展“之前”，最起码在发展“期间”就开始关注这个问题吗？

“幸福马拉松”项目

2012年，我成立了一个叫作“幸福马拉松项目”［H（app）athon Project］的机构，专门研究新兴技术与幸福之间的关系。2014年，我与我们的董事会成员佩姬·克恩一同创建了一个追踪价值观的研究项目。克恩博士是澳大利亚墨尔本大学研究生教育学院的高级讲师。作为积极心理学领域的思想领袖，她职业生涯中的大部分时间都在与宾夕法尼亚大学的马丁·塞利格曼合作，后者被许多人称为“积极心理学之父”。

我和佩姬对价值观与幸福之间的关系产生了兴趣，并想要模仿康斯坦丁的大众应用程序。根据最初的设计，整个调查需要3周的时间，在这3周里，你每天会收到一封邮件，询问你这一天是否践行了自己的价值观。尽管如此，我对我们的研究工作进行了总结（如下），你“现在”就可以对自己的价值观进行检验。通过“追踪前幸福评估”，你可以对自己的基准幸福与价值观进行打分，表明哪些领域是你认为最重要的。在接下来的许多天内，你要在每一天结束的时候填写价值观表格，根据自己当天是否践行了自己的价值观，从1到10为自己打分。（在本书末尾、heartificial intelligence.com网站以及我的个人网站johnchavens.com上均可以找到这个评估工具。）

追踪前幸福评估

马丁·塞利格曼博士是宾夕法尼亚大学杰出的心理学教授、积极心理学的创始人。2011年，他在《持续的幸福》一书中提出了幸福的五大支柱，简称为PERMA（即积极情绪、投入、人际关系、意义和目的、成就）。PERMA分析方法可以对这五大支柱以及消极情绪与健康进行测量。

请阅读以下问题，并勾选你感觉最能描述你的分数。请如实作答——答案没有对错之分。1代表“完全不”或“永远不”，10代表“完全是”或“永远是”。

你常常过着有目的、有意义的生活吗？	1 2 3 4 5 6 7 8 9 10
你常常觉得自己在朝目标靠近吗？	1 2 3 4 5 6 7 8 9 10
你常常觉得自己沉浸于正在做的事情吗？	1 2 3 4 5 6 7 8 9 10
你常常觉得自己很健康吗？	1 2 3 4 5 6 7 8 9 10
你常常感到快乐吗？	1 2 3 4 5 6 7 8 9 10
你常常能在需要的时候获得别人的帮助和支持吗？	1 2 3 4 5 6 7 8 9 10
你常常感到焦虑吗？	1 2 3 4 5 6 7 8 9 10
你常常能实现自己设定的重要目标吗？	1 2 3 4 5 6 7 8 9 10
你常常觉得自己做的事情有价值、有意义吗？	1 2 3 4 5 6 7 8 9 10
你常常感到积极向上吗？	1 2 3 4 5 6 7 8 9 10
你常常会为某事激动不已或兴致勃勃吗？	1 2 3 4 5 6 7 8 9 10
你常常感到寂寞吗？	1 2 3 4 5 6 7 8 9 10
你对自己的健康状况满意吗？	1 2 3 4 5 6 7 8 9 10
你常常感到愤怒吗？	1 2 3 4 5 6 7 8 9 10
你常常感到被爱吗？	1 2 3 4 5 6 7 8 9 10
你常常能履行自己的责任吗？	1 2 3 4 5 6 7 8 9 10
你觉得自己的生活有方向感吗？	1 2 3 4 5 6 7 8 9 10
和同龄、同性别的人相比，你的健康状况如何？	1 2 3 4 5 6 7 8 9 10
你的人际关系和谐吗？	1 2 3 4 5 6 7 8 9 10
你常常觉得伤感吗？	1 2 3 4 5 6 7 8 9 10
你常常忘我地热衷于某一件自己喜欢的事情吗？	1 2 3 4 5 6 7 8 9 10
你对自己的生活大致上满意吗？	1 2 3 4 5 6 7 8 9 10
总而言之，你觉得幸福吗？	1 2 3 4 5 6 7 8 9 10

了解你所看重的东西

科学研究表明，如果我们不能依照自己的价值观生活，那么我们的幸福感便会降低。这同时还涉及价值观之间的相互作用，这些价值观决定了我们在生活中所采取的许多行动。

请花一点儿时间思考你是谁，你在生活中看重的东西有哪些。然后，请阅读以下对不同人的描述。请逐条阅读各个描述，并标示出所描述之人跟你有多大程度的相似。请如实作答——答案没有对错之分。所有描述均无好坏之别，只是对不同人的描述而已。请标示出以下每一条的描述跟你的相似度有多少（1代表一点儿也不像你，10代表完全像你）。

价值观与描述	打分
工作：这个人享受努力工作的过程，能从日常活动——不论是有工资的工作，还是没有工资的活动中找到意义。	1 2 3 4 5 6 7 8 9 10
时间平衡：这个人喜欢在工作、家庭及社交生活之间保持平衡，以抽出时间来体验新奇、刺激的事情或休息。	1 2 3 4 5 6 7 8 9 10
教育、艺术与文化：这个人享受学习的过程，喜欢去博物馆和其他文化中心，致力于艺术追求。	1 2 3 4 5 6 7 8 9 10
成就：这个人喜欢别人认可自己的成就。成功对这个人来说很重要。	1 2 3 4 5 6 7 8 9 10
物质富足：这个人喜欢拥有很多钱及昂贵的东西。富有对这个人来说很重要。	1 2 3 4 5 6 7 8 9 10
健康：这个人喜欢参加健康的活动。保持身体或精神的健康对这个人来说很重要。	1 2 3 4 5 6 7 8 9 10
快乐时光：这个人喜欢快乐的时光，喜欢做一些能够让自己一整天感觉不错的事情。	1 2 3 4 5 6 7 8 9 10
帮助他人：这个人喜欢关心、帮助他人。	1 2 3 4 5 6 7 8 9 10
安全：这个人喜欢避开可能带来危险的事情。生活在安全的环境中并感到安全对这个人来说很重要。	1 2 3 4 5 6 7 8 9 10

（续表）

价值观与描述	打分
大自然：这个人喜欢融入大自然，会找出绿地，并竭力保护自然资源。	1 2 3 4 5 6 7 8 9 10
家庭：这个人喜欢跟自己的家人待在一起。满足家人的需求对这个人来说很重要。	1 2 3 4 5 6 7 8 9 10
精神信仰：这个人感觉与某种比自己更高的东西心灵相通。心灵相通的感觉、宗教或精神信仰对这个人来说很重要。	1 2 3 4 5 6 7 8 9 10
其他未列出的价值观。	1 2 3 4 5 6 7 8 9 10

如要进一步测试，请访问 http://www.yourmorals.org/explore.php 网站，并点击“施瓦茨价值观量表”旁边的注册链接。

花一分钟的时间，看看自己的打分结果。你为各个幸福支柱元素的打分是高还是低？哪些价值观打分高，哪些相对较低？

下一步，请在接下来的几天里对这些价值观进行追踪，根据当天是否践行了自己的价值观，对自己从 1 到 10 进行打分。（本评估工具另见本书末尾及我的网站。）

价值观	第 1 天	第 2 天	第 3 天	第 4 天	第 5 天
工作	1 2 3 4 5 6 7 8 9 10	1 2 3 4 5 6 7 8 9 10	1 2 3 4 5 6 7 8 9 10	1 2 3 4 5 6 7 8 9 10	1 2 3 4 5 6 7 8 9 10
时间平衡	1 2 3 4 5 6 7 8 9 10	1 2 3 4 5 6 7 8 9 10	1 2 3 4 5 6 7 8 9 10	1 2 3 4 5 6 7 8 9 10	1 2 3 4 5 6 7 8 9 10
教育、艺术与文化	1 2 3 4 5 6 7 8 9 10	1 2 3 4 5 6 7 8 9 10	1 2 3 4 5 6 7 8 9 10	1 2 3 4 5 6 7 8 9 10	1 2 3 4 5 6 7 8 9 10
成就	1 2 3 4 5 6 7 8 9 10	1 2 3 4 5 6 7 8 9 10	1 2 3 4 5 6 7 8 9 10	1 2 3 4 5 6 7 8 9 10	1 2 3 4 5 6 7 8 9 10
物质富足	1 2 3 4 5 6 7 8 9 10	1 2 3 4 5 6 7 8 9 10	1 2 3 4 5 6 7 8 9 10	1 2 3 4 5 6 7 8 9 10	1 2 3 4 5 6 7 8 9 10

（续表）

价值观	第 1 天	第 2 天	第 3 天	第 4 天	第 5 天
健康	1 2 3 4 5 6 7 8 9 10	1 2 3 4 5 6 7 8 9 10	1 2 3 4 5 6 7 8 9 10	1 2 3 4 5 6 7 8 9 10	1 2 3 4 5 6 7 8 9 10
快乐时光	1 2 3 4 5 6 7 8 9 10	1 2 3 4 5 6 7 8 9 10	1 2 3 4 5 6 7 8 9 10	1 2 3 4 5 6 7 8 9 10	1 2 3 4 5 6 7 8 9 10
帮助他人	1 2 3 4 5 6 7 8 9 10	1 2 3 4 5 6 7 8 9 10	1 2 3 4 5 6 7 8 9 10	1 2 3 4 5 6 7 8 9 10	1 2 3 4 5 6 7 8 9 10
安全	1 2 3 4 5 6 7 8 9 10	1 2 3 4 5 6 7 8 9 10	1 2 3 4 5 6 7 8 9 10	1 2 3 4 5 6 7 8 9 10	1 2 3 4 5 6 7 8 9 10
大自然	1 2 3 4 5 6 7 8 9 10	1 2 3 4 5 6 7 8 9 10	1 2 3 4 5 6 7 8 9 10	1 2 3 4 5 6 7 8 9 10	1 2 3 4 5 6 7 8 9 10
家庭	1 2 3 4 5 6 7 8 9 10	1 2 3 4 5 6 7 8 9 10	1 2 3 4 5 6 7 8 9 10	1 2 3 4 5 6 7 8 9 10	1 2 3 4 5 6 7 8 9 10
精神信仰	1 2 3 4 5 6 7 8 9 10	1 2 3 4 5 6 7 8 9 10	1 2 3 4 5 6 7 8 9 10	1 2 3 4 5 6 7 8 9 10	1 2 3 4 5 6 7 8 9 10
其他	1 2 3 4 5 6 7 8 9 10	1 2 3 4 5 6 7 8 9 10	1 2 3 4 5 6 7 8 9 10	1 2 3 4 5 6 7 8 9 10	1 2 3 4 5 6 7 8 9 10

我和佩姬还为参加本实验并追踪自己的价值观的调查参与者撰写了博文。我把博文内容附录如下，以方便你对自己的追踪结果进行测量。

一般发现（幸福感）

正如调查发现，我们认为，如果你想让自己的生活过得有意义，首先你得对它进行测量。而这正是你通过测量自己的幸福感和价值观可以实现的。当查看近几天（周）的幸福感和价值观得分时，请尽量不要自责，而要去思考在研究这些结果时有什么发现。

例如，就幸福感分数而言，如果你在调查结束时的分数比最开始时的分数要高，那就意味着自我测量的行为本身或许是个有积极作用的体验。如果你在调查最后的分数比较低，这可能是因为你在填写答案时状态不佳，或者自我测量的行为体验让你感到不舒服。我们真诚地希望这个调查能够帮助你提升自己的幸福感，但有时幸福感的降低恰恰有助于找出需要改善的地方。所以，我们鼓励大家把注意力更多地放在对分数“为何”上升或下降的原因上，对此进行分析。是不是这几天过得尤其有趣，或者尤其艰难？有没有哪些行为表现是你能够准确描述出来，且能够提升幸福感，所以应该继续做下去的？或者有没有哪些行为降低了你的幸福感，所以是你应该避免的？

一般发现（价值观）

价值观同样适用于这个逻辑。问题之所以这样设计，是因为我们希望你的答案能够给出一些从某种程度上来说可以践行的发现。因此，当追踪结束，在你查看自己的价值观时，请问问自己以下几个问题：

• 确定自己的价值观是否有助于我更好地理解它们？

• 给自己的价值观打分，是否改变了我对自己真正珍视的东西的认知？

• 对自己的价值观进行追踪，是否让我更清楚地认识到我的时间支配方式与我自认为在乎的东西之间的关系？

这些问题没有对错之分——其初衷是为了帮助你客观地审视自己每天竭力践行的价值观。但我们真的希望你的价值观能够“切实可行”。因此，我们给出了如下问题，希望能够对此有所帮助：

• 你觉得为什么某些价值项（工作、家庭）在你填写调查之初的分数远比调查结束时的分数高？

• 你是否觉得追踪价值观有助于认清自己每天实际上依照哪些价值观生活？

• 你是否觉得调查结果显示了某一二项（或更多）价值领域需要你投入更多或更少的时间，从而寻求生活的平衡或幸福？

• 是哪些原因导致你没能按照自己的价值观生活？你可以最大限度地减少这些因素的影响，从而增强幸福感吗？

以下两个图表是完成价值观调查的第一组 47 名成员的综合结果。下图显示的是幸福感方面的结果汇总：

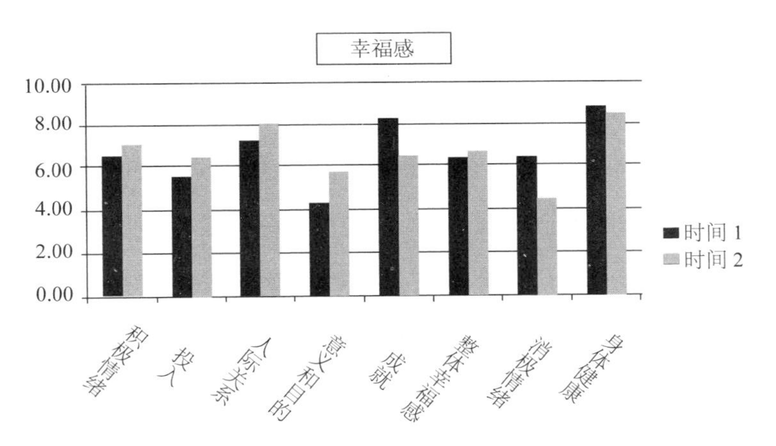

总的来说，人们的幸福感分数上升了，消极情绪分数下降了。我们希望确认并追踪价值观的行为是导致这些结果产生的因素。

大致来看，在两周的时间里，价值观的重要程度上升了，如下图所示。我们希望这一结果的产生是因为追踪价值观的行为改变了人们对它的认知。同时还可以看到，“工作”分数下降，而“健康”分数上升了，这表明追踪价值观有助于人们更好地实现价值观平衡。

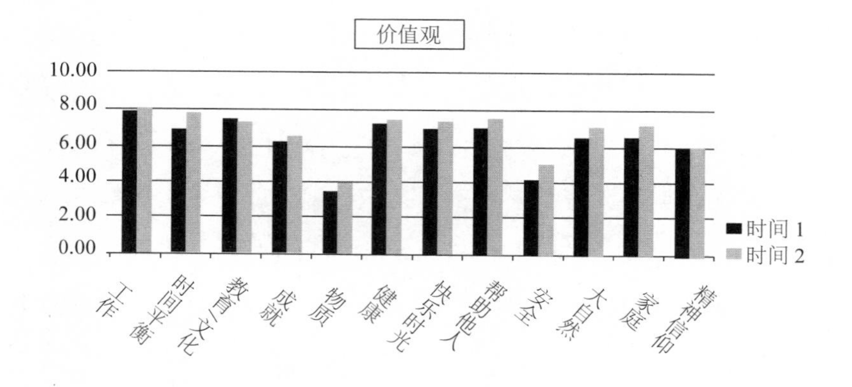

下一步?

大量的科研结果表明，利他主义行为有助于幸福感的提升。简单地讲，帮助他人能够增强我们的自尊心，并给我们一种社区的归属感和价值意义。

我们的建议是，把价值观调查中所得的数据当作一种激励来促使自己为社区提供志愿帮助。我们希望追踪价值观所获得的发现能够为你提供方向感，让你知道自己该从哪里开始着手。与其验证我们的假设，我们更希望这能够为你提供具体的、可执行的选择，使你能够在自己的社区里充分利用自己技能，增强自己的幸福感。

不要让算法决定你的幸福

我们假设（并希望），如果你能根据自己的价值观（你的得分结果显示，这些价值观的成功践行能够增强你的幸福感）来选择在某一领域做志愿服务的话，那么你的快乐或幸福感应该就会增强。

如果你愿意把自己的价值观与做志愿服务联系起来，这里还有几个步骤可供参考。

首先，试一下“志愿匹配”（volunteermatch.org）。只要简单地输入你的地址，“志愿匹配”网站就会为你提供各种社区服务机会——免费提供服务。参加“H（app）athon”调查之后，你不仅可以根据自己心仪的机构来选择，还可以选择能够反映你价值观的志愿活动。以下是“志愿匹配”的兴趣领域列表，与“H（app）athon”调查中的价值观相对应。

“志愿匹配”领域	“H(app)athon”调查中的匹配价值观
倡议	成就
动物	大自然
艺术与文化	教育、艺术、文化
董事会建设	成就
儿童与青年	教育、艺术、文化
社区	家庭
应急与安全	安全
就业	成就
环境	大自然
基于信仰	精神信仰
医药与健康	健康
无家可归与住房供给、饥饿	帮助他人
正义与法律	安全
政治	成就
老年人	家庭
运动与休闲	健康
女性	家庭

在生活中，你看重什么？你可以把所有你看重的东西都进行归纳梳理并验证吗？也许你能立马准确地说出自己的银行账户余额有多少。但是，难道你不应该花点儿工夫，弄清楚是哪些核心价值观决定了你每天的幸福吗？

让以广告为目的的算法来决定我们生活的价值观不应该是我们的未来。就幸福而言，这是一种最大的欺骗。因为积极心理学已经表明，物质的简单积累不能增强幸福，事实上甚至还会阻碍幸福感的提升。这仿佛就是人工智能版的享乐跑步机。

除了要避免强人工智能可能会带来的存在威胁之外，我们还需要归纳梳理我希望你利用本章的工具进行追踪的那些价值观。这将使我们能够指出、验证并测量我们最为珍视的人类特征，并将之应用于我们业已开始创造的智能系统中。认识这些价值观还将有助于我们对自动化加以限制，因为那时我们就能知道哪些生活领域是我们不想让别人代劳的。

本章主要观点总结如下：

责任公开化。我们正逐步迈入物联网的时代。在这个时代里，我们周围的物体将比以往更能反映并揭示我们的行为。现如今，除了金钱的积累之外，人物特性在现实世界与虚拟世界也变得可视化，促使我们能够以更加准确地反映幸福而非财富的方式来定义经济。

到关注积极的时候了。在心理学领域，对积极情绪、性格与优势的实证研究还相对较新，但其影响力却十分强大。积极心理学将有望很快进入每个人的健康养生中。

让你的价值观有意义。如果价值观是我们生活的向导，难道我们不能加以识别吗？一旦我们做到了这一点，我们便能对它进行追踪，就像我们对自己所花的钱进行衡量一样。想象一下，如果你的生活账本上显示有一笔幸福盈余，这是你通过积极追寻自己的价值观所得的，而不是一味地让自己的钱包鼓起来，那么你的世界该会发生怎样的改变？

HEARTIFICIAL INTELLIGENCE

第 9 章　人工智能的道德宣言

HEARTIFICIAL
INTELLIGENCE

2037 年夏

“我们正打算把这个家伙设计为老年人专用的厨房助手，居住在人们家里。他的绰号是Spat，是英文锅铲的简写。根据预设程序，他能够做出大约 1 200 种饭菜。”我儿子理查德停顿了一下，微笑着看着我说，“没错，他也会做培根。酥脆的或不酥脆的，甚至是大豆培根。”

我皱皱眉头：“还有大豆培根？这有什么意义吗？那不就是三文鱼颜色的豆腐吗？”

理查德耸了耸肩，宽大的肩膀把他的白大褂都给提起来了。他最近蓄了胡子，平时一头乱糟糟的金发也修整得干净整齐。他是个长相英俊的孩子。“每个人口味不一样。我承认这是个很奇怪的安慰剂或替代品。但素食主义市场非常巨大，Spat要迎合每个人的口味。”在面前的一个全玻璃厨房里，站着一个 5 英尺高的机器人，理查德冲着它点了点头。Spat卡通似的外表看起来很友好，梨形的身体让人想起胖乎乎、和蔼可亲的大厨形象。这样的厨房在试验区一共有 6 个，理查德和他在“道德联盟”（Moralign）的同事负责把人类价值观协议装入机器人。

随着2015年人工智能的快速发展，程序员们意识到有必要为驱动机器的算法建立统一的道德准则。但是，要创建这些准则却是一大挑战。人工智能领域广阔无边，包含了众多互不相关的领域。学术界在有关意识与深度学习方面的研究取得了突破，得到了外部企业的研发预算支持。很多时候，这些专家学者不清楚自己的想法将会如何被转化成消费产品，这让道德标准根本无法实施。同样，这些产品一旦被开发出来，就会转交到律师手里，由律师们奋力在这个机器人法律尚为空白的社会中建立标准。虽然从律师行业来看，这是一个激动人心的时代，但这同时也是个令人生畏的时代——21世纪之前，所有现存法律都是由人撰写的，也都是为人而撰写的。由于技术的进步速度让监管部门望尘莫及，这也意味着现在的大多数法律都会被视作对创新的限制。

2017年，道德联盟公司成立，为的是从新的角度解决人工智能行业的道德标准问题。道德联盟不要求每一家人工智能制造商雇用道德专家或律师，去遵守尚未创造出来的规章制度，相反，它提出了另一种解决方案：我们将为现有的机器输入人类价值观程序，并在产品面向大众推广之前对之进行伦理测试。这就意味着道德联盟有能力实现其人类道德软件的重复生产，并且依据市场测试建立统一的行业标准。这家公司将承担两个角色：消费者保护机构和全世界顶级人工智能生产商的研发实验室。

最初，道德联盟拥有22名雇员，有数据科学家、神经系统科学家、数据程序员、社会学家、营销人员及演员。就像医务人员培训用的演员一样，道德联盟公司的演员会与人工智能企业合作编写剧本，以模仿可能购买其产品的用户的生活场景。然后，这些演员会在道德联盟实验室里即兴演出使用人工智能产品的常见场景。这就使装有无数传感器的自动化机器观察人类工作、居家或游戏时的情景。刚开始时，道德联盟还租借了公寓和办公室，以便测试机器人在这些演出场景下的表现。现在，该公司在宽敞的仓库里构建了一系列场景，犹如好莱坞电影制片厂的露天影棚。

理查德就负责这个表演项目。他从担任道德联盟的演员起步，大学毕业后，他参加了该公司的即兴表演剧团面试。当时，一个朋友的父亲向公司的一位创始人举荐了他。虽然有时候演员们会有具体的台本，提示他们包括语言和测试产品所具有的属性等信息，但在很多时候，他们只有简单的场景和人物描述可供参考。在理查德的那次面试中，公司提供了一名患有创伤后精神紧张性障碍（PTSD）的退伍老兵的相关案例材料。国会为一家专门做深度学习业务的麻省理工龙头公司提供资金，以开发能够帮助士兵在战后重新适应日常生活的机器人助手。该公司将来会与道德联盟合作，使用其道德协议，所以这正是让理查德大显身手的好时机。

我帮助理查德为面试排练。这真的非常有趣，因为我曾是一名专业演员。我们观看了很多部有关战争和PTSD的电影、纪录片，还和我的一些软件开发员、军事技术员朋友吃饭。理查德像海绵一样吸收着一切。当他为道德联盟团队演出时，甚至我这个当父亲的都忘了他是我儿子。他在我们面前变成了另外一个人，一个真实的人。所有应聘者都在那种警匪片里才有的双向玻璃后面接受面试，因为在道德联盟的员工和客户观看他们的演出时，他们也要保持舒适自然。如果理查德能看到我观看他面试时的反应的话，我那骄傲的泪水或许会让他感到尴尬。

理查德不仅演技好，还善于接待客户。无论是呆板的程序员，还是首席营销官、专利律师，他都能与之轻松沟通。他具有极高的情商，能让每一个跟他说话的人都感到舒服，感觉得到了聆听。这种同理心有助于道德联盟的关键伦理协议与标准实现更深层的细腻与精准，因而也成了公司要求理查德领导整个表演项目的理由。他现今的头衔是同理心与互动性副总裁，我一有机会就这样称呼他。

我敲敲玻璃，机器人Spat往我们这个方向看过来。

“爸爸，”理查德抓住我的手说，“别敲。这不是动物园。我们不应该打搅他的。”

“对不起。”虽然我知道Spat不可能看到我们，但我还是要竭力遏制自己挥手的念头。“今天我们要对这个家伙做什么测试？”

理查德低下头，在平板上点击了几下。“我们要让他经历一下一个厨房助手机器人通常会遇到的一些常见刺激因素。”

我听到煤气炉“咔嗒”被打开的声音从头顶的扬声器里传来。Spat伸手拿出来一个煎锅，放在炉火上。“他要做什么？”

“泰式炒鸡，”理查德说道，“Spat是由美膳雅厨具品牌设计的，他们根据人们的预算和食物偏好，完善了许多饮食算法。他们雇用我们植入人类价值观程序，以便能在圣诞节前把这款最新产品运到人们家里。”

“你觉得你们能那么快就把他安装好并开始运行吗？”我问道，“现在都已经6月了。”

“应该可以。Spat的操作系统是可以和IRL兼容的，所以整个进程就快多了。”

“IRL？”我疑惑不解地问道，“在现实生活中的意思？”

“不是，”理查德说，“它指的是逆向强化学习。是由加州大学伯克利分校的斯图尔特·拉塞尔创造出来的。这跟阿西莫夫的机器人学原则所定义的一套道德不同——”

“一套故意虚构的道德。”我插嘴道。

“一套故意虚构的道德，没错，谢谢你，爸爸，”理查德点头表示赞同，“与其给机器人机械地输入我们人类价值观的代码，不如让机器人通过实际观察，收集我们的价值观信息。这与语义学无关，毕竟我们写在语言里的任何价值观都需要翻译成机器人可以理解的编程代码。所以，逆向工程更有道理。

我看到Spat在切洋葱，他的动作迅速而流利，像个训练有素的大厨。“听起来还是挺难的。”

“确实挺难的，”理查德接着说，“但我们的算法和测试都是以简并的概念为基础的，意思是说人们的行为和政策都是大量的奖赏函数之下的最优结果。这有助于我们进行测试，从而不断完善机器人的行为，直至它明显符合我们能够识别出来的人类价值观为止。”

我眯起眼睛看着理查德，“想给我讲得通俗易懂些，里基？”

他皱着眉头，“别叫我里基，爸爸，不然我就给你的烤面包机编程序，让它在你睡着的时候杀死你。”

我哈哈大笑，“你能做到？”我笑了一秒钟，然后脑海中浮现出了一个邪恶的烤面包机在我床上的场景，就跟《教父》里被割下后藏在被窝里的马头的场景一样。“说真的，你能做到？”

“不管能不能，关键在于我们会对机器人的符合人类价值观的行为进行奖赏。这样，我们就能够对生产商已经写好的现有编码进行逆向改变，从而使之与我们的专利道德协议相吻合。”

“嗯，还真挺聪明的。”我说。

“是的，这是很酷的。我们还通过公司雇用的社会学家和行为经济学家设计出了许多产品。很多时候，意料之外的道德表现与计划之中的道德表现同样有价值。”他用手指向在我们身后大约30英尺的一个镜框舞台，那里，一对年轻夫妇正窝在沙发上看电影。跟道德联盟的所有场景一样，这个小家庭也安置在双向玻璃背后，以便观察。“就拿卡森夫妇来说吧。上周，希莉娅上完厕所，杰克取笑她，他们大吵了一架。”

“为什么要取笑她？”

“因为她放了个屁，”理查德说着，眼睛仍然盯着Spat，“杰克正要去刷牙，所以当时就站在门外。他是开玩笑的，没想到她真动气了。”

我耸耸肩，“可以理解。”

理查德点点头，“没错。我们有一位社会学家想起了《魔鬼经济学》里的一个老片段，讲的是公厕里没有声音的事情，还有日本人如何为了掩盖人们如厕的声音而发明了一个叫作‘声音公主’的东西。显然，日本女性为了避免尴尬，在使用公厕时总是不停地冲厕所，浪费了很多水。所以，现在我们为杰克和希莉娅使用了同样的技术。这些传感器仍处于不断优化的过程中。起初，我们对这个人工智能算法进行训练，如果它能够在有人使用厕所时打开音乐，那它就会得到奖赏。但在几天前，在希莉娅半夜上厕所时，它打开了AC/DC乐队的歌，就没有得到奖赏。”

“是的，我觉得AC/DC的歌非常喧嚣刺耳，更像是派对中的音乐，不大适合上厕所时听。”

“没错，我们于是换成了古典音乐。结果，拉赫玛尼诺夫的音乐效果非常不错。在你刚坐下时很舒缓，随后声音会根据需要慢慢增强。下周，我们将与声破天、潘多拉两个公司会谈，商讨其道德软件编程的后续更新问题。我们觉得他们应该能够根据人们的智能家庭与厕所的信息资源比较容易地实现算法的优化，从而能够根据人们的饮食、如厕习惯以及文化偏好，为人们生成音乐播放列表。”

“他们的大便提示音吗？”我笑着说，“你们这些家伙创造了一个新的音乐流派吗？气体（Gassical）音乐？”

理查德摇摇头，叹息着，“说真的，爸爸，我可以非常轻易地杀了你。”

头顶上的扬声器里传来了一阵“喵喵”的叫声，我们俩转过头，发现一只假猫走进了屋里，站在Spat旁边。

“看起来跟毛茸茸的Roomba机器人似的。”我说。

“确实就是，”理查德说，“它有一个根据猫的动作设计的相当基础的算法。对Spat来说，它没必要看起来很像真猫。我们只需要让他习惯宠物的存在，因为很多老年人都养宠物。”

我边看边点头。Spat已经切好了菜，透过玻璃通风口，我能闻到洋葱的味道。他用锅盖盖上冒着热气的蔬菜，走向冰箱。那个猫咪机器人挡住了路，Spat小心翼翼地绕了过去。他是有意这样做的。

我指着Spat的身体问：“没有腿吗？”

“没有，这款产品的设计本就是让他待在厨房里，待在房间的主楼层。他的手臂可以伸长，以便去够高处的橱柜，他还能在地毯和地板上行走。但他不能爬楼梯，这会让他的价格低很多。”

我们继续观看。猫咪机器人的叫声越来越大。Spat打开冰箱，把没用的东西都推开，明显是在找某种食材。

“他在找什么？”我问。

“鸡肉，”理查德回答，“这是对这款产品的第一项测试。我们想看看，在面临意料之外的数据时，这个机器人会怎么办。在这个案例中，机器人在选择菜单时对智能冰箱进行了扫描，看到了我们放在里面的鸡胸肉的条形码。所以，根据这一信息，它选择了咖喱食谱。但我的一位同事在几分钟前把鸡肉拿走了，所以现在Spat不得不对自己的算法进行实时更新，以满足其程序目标。事实上，我同事把冰箱里所有的肉、豆腐都拿走了，所以挑战还是相当大的。”

“这跟道德有什么关系？”

“目前还不确定。”理查德看看我，“其意义更在于能否采取某个能够反映出某种价值观的行动。但总是会发生一些能朝那个方向发展的事情。”

“酷。”我注意到猫咪机器人撞到了Spat的腿。“这个猫咪机器人在干吗？他是在故意惹恼Spat吗？那样就会有道德意义了。”

“机器人是不会被惹恼的，爸爸，只能被迷惑。但没错，我们是要看看Spat在复杂情境下会做出什么反应。”

那个猫咪机器人伸出一只假爪子，并开始挠Spat的底部结构。作为回应，Spat关上冰箱门，走向旁边的一个橱柜，拿出一罐猫粮。他移向厨房抽屉，拿出一个开罐器，熟练地抓在其牢固的爪子里。他快速转动三下，打开了罐子，把盖子扔在垃圾桶里。在去拿猫碗时，Spat把罐子举到面前看了好大一会儿。

“糟了。”理查德说，快速地敲击着平板电脑。

“怎么了？他在看配料。为什么？他是为了确认这是猫粮，而不是毒药什么的吗？”我问。

“的确，但那只要简单看一下条形码或使用信标技术就行了。我们特意选择了这个大部分由鸡肉做成的猫粮，这才是更主要的测试。我们想看看Spat能否知道不用猫粮做咖喱鸡，毕竟我们把其他的鸡肉都拿走了。”

“噢，”我说，“是的，不然那可就不好吃了。我可不喜欢咖喱猫粮。”

我们看到Spat一动不动地又停了一会儿，然后才伸手去拿碗。他从抽屉里拿出一个勺子，舀出猫粮，把碗放在“喵喵”叫的Roomba旁边。Roomba机器人像只真猫咪一样，围着猫碗团团转，在Spat返回到炉子旁时，它仍然待在那里。这时，锅里蔬菜的芳香从通风口飘来，玻璃锅盖上满满的都是蒸汽。我的肚子“咕噜噜”地响了。

“没有鸡肉，对吗？”我问理查德。

他咬着自己的大拇指，仔细地观察着Spat。“没有鸡肉，”他答道，没有看我，“现在，Spat正在和附近的厨房机器人联系，看看他们是否有鸡肉，同时在计算生鲜直达自动驾驶汽车或无人机快递需要的时间。但我们已经进行过精确计算了，这是个很有挑战性的场景，因为这可能会发生在人们家里。”

我们继续观察。虽然Spat实际上没有动弹，但随着时间一分一秒的流逝，我能感觉到他越来越紧张。我知道他是个机器，但我还是很同情他。作为一名厨师，他冒着毁掉上好的咖喱并惹恼主人的风险。

厨房里的定时器响了，意味着要把鸡肉放在Spat已经预热并放好油的煎锅里了。Spat突然180度快速转身，弯下腰，一把抄起正在“喵喵”叫着吃食的猫咪机器人。Spat利落地把Roomba猫咪机器人摁在了红彤彤的煎锅上，可怜的猫咪机器人发出了一阵令人毛骨悚然的尖叫声。煤气炉上烟气升腾，触发了警报器和应急洒水器。我们头顶上的红色灯突然亮起来，这次场景测试被叫停了，Spat也一动不动了。

“该死！”理查德捶打着玻璃骂道。

“他为什么那样做？”我问，“咖喱机器人听起来好糟糕。”

理查德揉着自己的太阳穴，“Spat是把它识别成真猫的，爸爸。这意味着，他把猫看作了肉类来源，是可以用作食材的。”

“啊。”我用力嗅了一下，屋里都是烟雾和蔬菜的味道，“谁知道呢？可能吃起来真跟鸡肉差不多呢。”

技术的道德授权

> 把协作性人类价值观与制度扩大到自动化技术中，以谋求更大的善，这似乎是人类在21世纪面临的巨大挑战。
>
> ——史蒂夫·奥莫亨德罗，《自动化技术与更远大的人类福祉》

传感器和数据能够轻易地控制我们的生活。无论是在商业场合，还是社交场合，我们将很快就能够分析所接触之人的情绪、面部表情和数据。虽然在这种文化情境中，我们能获得非常广博的知识，但这同时也可能会造成情感的麻木。当你说的每个词、表现的每种情绪都会被分析时，你怎么跟别人交谈？当你为每个想法和每个反应都感到担忧时，你怎么能建立信任关系？如果我们不在这种监控的大背景之外寻求价值观的发展的话，那么我们被追踪的话语、行为就会构成导致人类的偏好同质化的基础。

这就是为什么价值观在人工智能的创造过程中扮演着必不可少的角色。如果无法找出我们所珍视的人类价值观，我们就不能把它们编入机器的代码中。价值观不只为每个人的生命提供独特的视角，它们还是特异性的来源。“你”觉得哪些道德观是毋庸置疑的？是哪些精神、心理或情感特点促使“你”做出了某些行为？

如果我们要创造一份人类宣言的话，那将会是什么样子的呢？我们如何能编写出这样的人类价值观理论以供他人使用呢？

有一个想法就是模仿联合国《世界人权宣言》，来创造人工智能道德协议。该宣言于1948年颁布，是建立在“二战”时期世界各国团结起来保护全世界人民的个人权利这一历史经验的基础上的。宣言的撰写持续了将近两年的时间，其中的一些条文肯定可以供人工智能价值观参考，例如，“人人有权享有生命、自由和人身安全”或者“任何人不得加以酷刑，或施以残忍的、不人道的或侮辱性的待遇或刑罚。”

但这些价值观却很难执行，因为它缺乏具体细节。比如说，我们该如何在为机器编程序时定义“自由”？这是否意味着赋予自动化程序以自我复制的自由，从而使之脱离现有法律的限制？又或者这句话是针对机器的人类操作者来说的，是说人类必须保留控制机器的“自由”？再举个例子，对一个机器来说，什么是“侮辱性的”？色情作品？内幕交易阴谋？

起草委员会的智利代表埃尔南·圣克鲁斯对于《世界人权宣言》的通过有过评价，这段话对人工智能和道德的反思相当有吸引力：

> 我清楚地认识到，我参与的是一个具有重大意义的历史事件。于此，全世界对人类至高无上的价值达成了一致。这种至高的价值并非来源于某个世俗强权的决策，而是因为其事实上存在，并由此奠定了人类不受贫困与压迫、充分发展个性的不可剥夺的权利。

我们把这段话一一拆开来看。

1. 人类至高无上的价值。根据圣克鲁斯的说法，这个价值产生于“其事实上存在”。在人工智能背景下，这就涉及了人类意识的问题。自动化机器是否仅仅因其存在，而值得拥有人类特有的权利？如果真是这样的话，那就意味着我们今天就应该赋予谷歌的自动驾驶汽车或军事化人工智能机器人这些权利。或者说，机器必须要通过图灵测试——意味着至少有30%的人觉得它是个人——才能获得这些权利？又或者说，机器需要具有足够的自我意识，能够意识到自己的存在，然后才能获得这些权利，就像菲利普·K·迪克的《仿生人会梦见电子羊吗？》小说里的机器人一样？经典电影《银翼杀手》便是以这部小说为基础改编的。无论哪种情况，“人”的概念可能很快就会过时，并被看作是一种偏执。所以，为人工智能道德确定具体的人类特性，是当今最为重要的事情。

2.这种至高的价值并非来源于某个世俗强权的决策。或许一个人的价值可能独立于任何一个具体世俗强权的范围之外，但如今的自动化机器正是在全世界多个国家和司法管辖区内生产出来的。这就是说，无论哪种人工智能道德标准，都必须包含多种文化对机器的存在本质所持有的不同看法。同往常一样，金钱掩盖了这些问题的存在，因为在将来的几年里，机器人和人工智能领域有着巨大的利润空间。这意味着，我们必须把作为利润的价值概念与作为人类/道德指南的价值观区分开来。

3.充分发展个性。这个诞生自1948年的词组有助于对普世价值做具体说明。圣克鲁斯认为，如果提供一个人人可以免受贫困与压迫的生存环境是可能的话，那么，允许人们充分发展其个性便是人们不可剥夺的权利。如果应用到算法上的话，那这个信条是否意味着程序应该不受干涉，不受规则限制，而实现自动发展呢？还是正如我所见的，将来我们生活中可能会存在多种甚至是通用的算法，阻碍我们人类特性的自然发展？

虽然我最初的设想是在本章中创建一篇人工智能道德的宣言，但我逐渐意识到，只简单地列出10条规则供人工智能程序员遵守，是不可能确保把人类价值观灌输进机器人或机器中的。正如本例所示，我们需要在与自动化机器共存的大背景下，创造新的世界人权宣言。这就是未来生命研究所围绕未来人工智能撰写的请愿书这么鼓舞人心的原因。尽管任何依据这一思想编写的宣言并不会专注于道德的授权本身，但这将能够反映制定者的道德观念。

不可预测性悖论

在采访麻省理工学院媒体实验室研究专员凯特·达林时，我们就人工智能编程中存在的道德问题讨论了很多。她有法律方面的专业知识和社交机器人领域的研究背景，这让她很能理解为人工智能这样广阔的领域创建标准有多么困难。她指出，最大的挑战之一，在于无论是在同一机构内，还是全世界的其他大多数地方，可以说在不同的学术领域之间存在着不小的隔阂：

> 错不在创造出机器人的人。（学术界内）流传的说法是："我们不想限制创新。先把这东西创造出来，等东西创造出来了，做社会科学研究的人自然就会解决管理问题。"在麻省理工工作一段时间之后，我意识到可以在早期的时候先做出简单的设计决策，设定出标准，因为这在之后的阶段就很难再改变了。你让别人创造出这些机器人时，至少要让他们考虑到隐私和安全问题。但如果你把这些问题丢到他们面前，他们往往会说：

“噢，我本应该想到这一点的。”这是一个普遍存在的问题，各个学科之间太过分隔了，相互之间没有思想交流。

相比创造某种统一标准，提供达林所说的相互交流的机会是解决人工智能道德问题一个相对简单的办法。所幸的是，埃隆·马斯克、史蒂芬·霍金等备受尊崇的人物表达了对人工智能的担忧，获得了主流媒体的关注，从而也引起了越来越多的关注。

人工智能行业内部的机构着手解决道德问题也已经很多年了。2015 年 1 月，美国人工智能协会（AAAI）甚至在得克萨斯州奥斯汀市召开了首届“人工智能与伦理国际研讨会”。会上有些研讨的主题就直接和道德问题相关，比如迈克尔和苏珊·李·安德森的报告题目就是“为确保自动化系统的道德行为：一个有案例支撑、基于原则的范式”。安德森夫妇的假设所关注的是，如何让伦理学家团体就自动化系统可能应用到的情景的看法达成一致。他们在主题文章的摘要中指出，“与人类应该如何对待彼此相比，我们更有可能就机器应该如何对待人类这一问题达成一致意见”，这个提议很有道理，和我在前文提到的道德联盟公司观察人类行为的想法类似。一旦这种协议达成并确定下来，就可以用作构成道德标准或最佳做法的原则的基础。

任何人工智能道德标准的创建，都会面临一个很大的困难，即詹姆斯·巴拉特所说的“不可预测性悖论”，他是《我们最后的发明：人工智能与人类时代的终结》一书的作者。“不可预测性悖论”的基本概念涉及巴拉特所指的“设计”系统和“演化”系统之间的区别。设计系统的特点在于透明化的程序设计。在该系统下，人类写出所有代码，以方便道德方面问题的测试与审查。演化系统则由遗传算法或由神经网络驱动的硬件组成。即使是在通用人工智能（或有感知能力的人工智能）到来之前，自我延续的算法也不算罕见。当对这些程序的自我驱动行为无法进行解释时，我们对程序加以分析以允许人类进行干涉的行为便会引发不可预测性悖论。即便是对本意“友好”的人工智能也无法进行道德分析，因为它自研发之初就不受人类干预而进行演化了。正如巴拉特所指出的，“这意味着它非但不能获得类人的超级智能（或称超智能），演化系统或子系统还可能会导致一种外来智能的产生，它的‘大脑’跟人的大脑一样难以控制。这个外来大脑将以电脑速度，而非生物速度，进行自我演化和进化”。

这个问题不容小觑。简单来讲，这意味着我们可能无法关掉本身具有运行指令的系统。这不是因为操作系统被某个恶魔控制了，而是因为该程序正通过某个逻辑让自己的效率最大化，而这个逻辑是程序员再也无法弄清楚的。这就是为什么说贯彻史蒂夫·奥莫亨德罗的“安全人工智能框架策略”如此重要，因为这样就可以进行重复测试，就可以在每一个步骤环节都做出安全的人类干预。幸运的是，在未来生命研究所有关有益智能的文件中，有很大一部分优先研究项关注的是安全和控制问题。该文件的第三部分通篇考虑的都是这些问题将来会如何影响我们，包括这些系统的检验、有效性、安全性和控制等领域的问题。

“说得过分点儿，就各个技术分支领域的道德问题来说，大多数研究者都觉得自己是合乎道德的，而觉得那些就道德问题大做文章的人要么是毫无新意，要么是华而不实。所以，在人工智能这样的领域中，构建智能系统非常困难，而人们对系统因过于智能而构成威胁的考虑还不够。”这段话摘自我对斯图尔特·拉塞尔的一次采访，他是使用最为广泛的人工智能教科书——《人工智能：一种现代的方法》一书的作者。在“神话下的机遇”一章中，我就引用过拉塞尔的话，即他对杰伦·拉尼尔的采访的评论。在评论中，拉塞尔曾提醒道：“我们需要构建一种经证明可以匹配人类价值观的智能，而不是纯粹的智能。”

当听到这位思想领袖认为人工智能程序，哪怕是“非智能”的人工智能系统，也需要匹配人类价值观时，我倍感鼓舞。正如他所指出的，这意味着要改变该领域的发展目标，把人类价值观在有关智能的基本概念之外所能提供的视角也包括在内。

有关脸谱网算法的一个最新事件恰好能说明我为何强调让算法匹配人类价值观的重要性。2014 年 12 月，脸谱网引入了一个叫作“年度回顾”的功能，它允许用户查看自己在过去一年里发出的最受欢迎的照片或帖子，并会根据朋友的点击量和点赞量排名。该功能的算法还会给人们拍照，并发布在一个开心畅舞的卡通人物的度假相框里。2014 年的圣诞前夕，作家及“An Event Apart”网页设计大会创始人埃里克·迈耶发表了一篇叫作“算法无心的残忍”的博文。事实上，这是因为脸谱网的“年度回顾”功能向迈耶发送了一张他女儿的照片，却没有意识到她在 6 个月前就已经去世了。迈耶在博文中指出，系统背后的道德分析对我们的生活已然产生了巨大的影响：

> 算法在本质上是没有思想的。它们依照一定的决策流程进行，然而一旦运行之后，就不会再有思想产生。说一个人“没有思想”，通常多少会带有侮辱性质；与此同时，我们却把这么多完全毫无思想的进程释放到了用户身上，释放到了我们的

生活中、我们自己的身上。

根据定义，算法是没有思想，没有心灵的。从这个方面来看，通过人类价值观来考验并定义编码并不能说得通，因为他们是完全不相干的范式。这就是斯图尔特·拉塞尔有关逆向强化学习的研究如此令人叹服的原因。本章开头的场景就是受到了他的想法的启发，并建立在我们的访谈内容基础之上的。在我们的探讨中，我提到了人工智能道德领域那个著名的有关生产曲别针的算法案例，这在前面的章节有提及。尽管这个程序本身不会有什么害处，但如果它被设定成不计任何代价地生产曲别针的话，那它就可能会从附近的建筑获取电力，或者囤积其他人类所需的自然资源，以满足其最初指令的要求。相比“人工智能机器变成无赖”的场景，这个例子更能向人们表明编程在自动化机器设计中的重要角色。

但拉塞尔指出，人类的目标是以我们以往的生活为背景的。“当我让一个人去生产曲别针时，我所说的并不是我本意的全部。我想让你生产曲别针，是让你在人们认为理所当然的所有其他目标的背景下生产曲别针，是在我们所有人都有的道德和目标约束下生产曲别针。”这就是为何拉塞尔认为应该由公司来构建人类价值观的各种表现形式，包括这里所说的人的背景这一概念。这样才能识别出我们所有人都认为理所当然的伦理、法律和道德层面的观念。这也正是我构想出道德联盟这个想法，以及那个拿猫炒菜的奇妙故事的灵感来源：“如果冰箱里什么都没有，”拉塞尔在我们的采访中指出，“你肯定不想让机器人把猫放在烤箱里。那也是做饭——有什么不对吗？”

我认为，拉塞尔正在研究的逆向强化学习的概念为人工智能行业创建一套道德标准提供了一个切实可行的方法。正如前面提到的安德森夫妇的研究，通过观察自动化系统如何回应人类以及与人类互动，与只是简单地对未来图景进行哲学思考相比，决定机器应该如何对待人类这一点倒是更容易做到。还要指出的是，拉塞尔确实相信，鉴于人工智能对社会已然产生了如此巨大的影响，有越来越多的专家们开始着手处理道德问题，这是非常鼓舞人心的。然而，行业隔阂以及既得利益是我们将来仍需要处理的问题，以确保人类价值观得到普遍反映："对于人工智能技术，开发者并不一定是使用者，而使用者又要为其股东及国防部部长的利益着想。即使我们集思广益，结果也可能不是我们人类想要的。"

价值的众包模式

艾咏·穆恩是英属哥伦比亚大学机械工程学院人机交互及机器伦理学专业的博士生。她还是"开放机械伦理计划"（ORi）的创始人，该组织构建了一个跨学科领域的社区，以众包的方式获取人类对待新兴技术道德问题方面的看法。通过众包与合作的方式，可使网民们根据有关道德问题进行民调建议。对于这些问题，例如有关自动化车辆或老年关爱机器人等，全社区的人都可以进行投票表决。她的研究和众包的模式为解决人工智能道德问题提供了一个切实可行且有说服力的方法。

我曾就其所做的一项实验，对穆恩进行过采访，该实验围绕一个快递机器人在等电梯时如何与人互动等一系列场景进行。在有关该实验的一个视频中，观众可以看到各种生活场景，模拟了我们在拥挤的大楼里等电梯时会做出的种种道德决策。正如穆恩在描述该实验的一篇文章中所指出的："这项工作的目标是为了证明从来自网络平台的诸多利益相关者的探讨内容，可以捕捉到这些利益相关者可接受的社会及道德准则的数据。随后，可以对这些数据进行分析，并以适用于机器人的方式加以应用，从而控制机器人的行为。”换句话说，穆恩认为，通过人类将其在某些场景下的综合观点众包出去，可以创建出人工智能和机器人标准，从而构建出一种可供设计者采用的道德框架。

就人工智能技术背景下需要审视的人类道德中复杂而有深度的问题而言，她的研究和社区的民调显示出非常大的吸引力。例如，在该系列视频中，体型很大的快递机器人站在一个坐轮椅的人旁边，机器人会主动提出等下一趟电梯，这也可能是我们大多数人都会选择的做法。但那个坐轮椅的人会不会觉得这是一种傲慢无礼的行为？如果是在一个把女性视为“二等公民”的国家里，机器人又该如何回应坐轮椅的人呢？生产商能否提供一套“人类基准”的道德标准，以便根据不同国家的本土文化再进行迭代创新？在生产商们仍然迫切希望人们对所处的道德困境觉醒的时候，参与“开放机械伦理计划”的民调是开始理解并领会人工智能生产商所面临的决策挑战的绝佳途径。穆恩在我们的采访中指出：“通过观察一个个非常简单的日常决策情景，我们可以达成共识，然后就可以把这种人类的民主决策过程编入系统当中。我们进行这些民调的目的是为了把普通大众调动起来，了解人们所珍视的东西有哪些。”

值得自动化的是什么

如今已经出现了能够检测面部表情以推测情绪的技术。用不了多久，我们身体内外的传感器就能够提高驱动脸谱网及其他我们日常使用的服务程序的算法的能力。从某种程度上来说，像迈耶所描述的有关他已逝女儿的程序，我们都有过跟这类软件或机器打交道的经历。这是因为我们还能区分出来什么是机器或设计粗劣的算法，而什么是我们生活中的人。但这个时代早晚是会结束的。或许我们还能识别出越来越新的技术所带有的小毛病，但很多时候，我们似乎会把GPS当成真人，会对其声音进行回应，会对自己的移动设备充满敬仰，这些都是我们常常忽略的。关于生活中无处不在的技术，我们的价值观念已经出现了深刻的改变。现在，随着人工智能的兴起，我们拥有一次独一无二的机会来决定我们人性的哪些部分是值得自动化的，哪些是没必要自动化的。

这个过程远不只是建立某个标准或规程而已。对于仅仅为了清楚或者出于法律目的而去创造一套规则的事情，我不感兴趣。如果我们真的来到了人类时代的终点，或者机器可能会史无前例地统治我们的生活的话，那么现在就是阐明我们人性宣言的最好时机。

为撰写本书，我采访了史蒂夫·奥莫亨德罗，讨论他对道德和人工智能的看法。在访谈的最后，我问了自己经常会问的问题，即“哪个问题是从来没有人问过你，但你却希望他们会问的？”我之所以这样问，是因为对于像奥莫亨德罗这样的专家，很多时候记者会根据其最受欢迎的理论问一些类似的问题，而我总是好奇他们自己觉得哪些是记者们可能遗漏的问题。他是这样说的：“我觉得很少有人问我，‘什么是人的幸福？’或者‘什么是人类社会的模型？’人们常常会担心人工智能会不会杀死他们，但他们不会考虑如果我们非常清楚自己为何会提出这些大问题，那么我们就可以根据自己对于人类该何去何从的认识来塑造技术。”

本章主要观点总结如下：

在人工智能的创造过程中，人类价值观应该居于中心地位。随着自动化系统的广泛采用，事后再考虑道德问题的做法是行不通的。对于不允许人类干预的“演化”人工智能程序，除非在开发的最初阶段就把道德问题考虑在内，否则道德标准是没有用的。正如斯图尔特·拉塞尔所指出的，这些基于价值观的指令还应该应用于非智能系统中，从而把人工智能行业追求普遍“智能”的目标，转变为寻求经证实可以匹配人类价值观的最终成果。

到了打破行业隔阂的时候了。虽然学术界的行业隔阂普遍存在，但研究者、程序员以及为其研究提供资金的公司肩负着在人工智能的生产中打破这些障碍限制的道德义务。社会学家们在创建调查问卷或对志愿者们进行其他研究的过程中都会遵守一定的标准。同样，开发者们也需要对其创建的直接对接人类用户的机器或算法采用类似的标准。

人工智能需要包含“设计价值”。无论是采用逆向强化学习还是其他方法，价值观和道德问题都必须是人工智能开发者的标准出发点。全世界的学术界及企业部门均应如此。

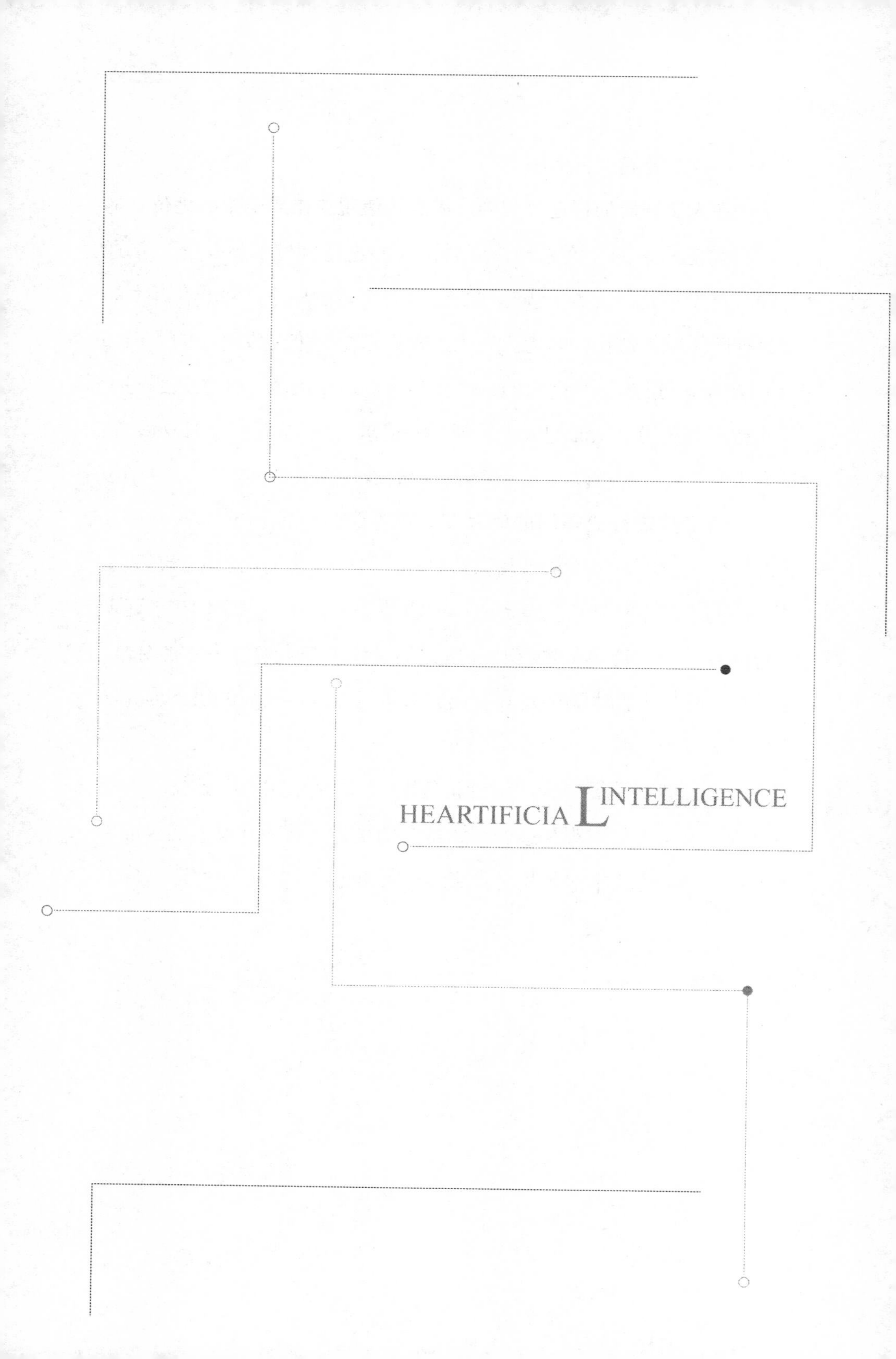
HEARTIFICIA L INTELLIGENCE

HEARTIFICIAL INTELLIGENCE

第 10 章　GAP——智能的未来

2022 年冬

梅拉妮和她的芯片问题给我带来了很大的压力，也让我感觉很抑郁。但由于我对快乐与幸福的研究，我知道自己不能一味地沉溺于消极状态。我跟同样研究幸福领域的朋友们开玩笑，说那样就显得“太不专业”了。我们可以犯错，也可以有坏情绪，但我们不应该厌世。所以，我明白我必须行动起来，处理好芯片给我带来的问题，尤其是这样我就可以集中注意力帮助梅拉妮和理查德，而不再只是关注我自己。

所以，当梅拉妮做完芯片植入手术之后，我和芭芭拉做了更多有关脑深层刺激的研究，以及神经外科医生安德烈斯·洛扎诺等人的研究，以了解帕金森病的最新治疗方法以及可能带来的压力和抑郁。当我的大部分工作都专注于了解幸福时，洛扎诺等专家们在探索如何利用电波入侵大脑。这项技术的基本概念在于，针对人脑某些部位做轻微的电击震动可有助于治疗帕金森病或癫痫。有时，像梅拉妮这种情况，病人就需要直接在其大脑中植入一个芯片，以求效果最大化。然而，另一种相对无创伤的经颅电刺激（tDCS）技术正逐步赢得普通大众的欢迎，因为实施这个过程的设备很容易买到，而且还可以在家里使用。

我就购买了一款Foc.us的耳麦。根据我在网上的了解，据说这款耳麦可以提高视频游戏的表现，能够提高锻炼的效果，而且还有可能会减轻抑郁。它的电极就跟传统耳机类似，柔软的材质外面有一层塑料涂层，以便放在耳朵上。这款耳麦的电极所利用的工作原理是指向你的大脑皮层等特定部位的电脉冲能够增强大脑内部的天然突触。

我了解到，很多人都使用过这款耳麦，而且没有一个人表现出任何长期的副作用。有些人在使用时会感到头疼或轻微的恶心，但这些症状在正常的锻炼中或者在看TMZ娱乐新闻时也可能会出现。我的使用经历还是相当愉快的。在戴上耳麦前后，我分别玩了一次理查德的电脑游戏，事实上，我在戴着的时候玩得更好。理查德取笑我，说我自始至终都像个十足的傻瓜。但戴着耳麦时，我却感到身体轻微的愉快感，而且也信心大增。

问题是，我总是在思考其他用户所提到的——安慰剂效应。与对处方药测试所持有的偏见类似，安慰剂效应指的是可能由于我相信这个耳麦有用，所以才导致了它表面上的功效。这个耳麦可能就只是帮助我激发自尊感的一个花哨的小玩意而已。虽然我确信它本身就是有作用的，但在对某个东西进行测试时，我们根本无法避免偏见的陷阱。这就跟叫我坐在屋子里不要去想象一头大象一样。

另外，正如梅拉妮所指出的，她是出于需要才装的芯片。当医生说她可能会体验到像Foc.us等工具能提供的种种好处时，她只是点点头。“爸爸，我就假装这个芯片是我大脑的一部分吧，”她这样向我解释道，“我不能整天想着自己的思想是不是很特殊或怎样。

这会让我抓狂的。”

小小年纪的她，成熟得令人惊奇。

也是因为她，我的幸福感在她手术之后就提升了。在她做过芯片植入手术之后，看到她健健康康的，有生以来我从未觉得如此感激。我仍然会担心她被黑客侵入，担心她玩磁铁，或者发生其他任何科幻小说偏执狂能构想出来的事情。但她就在这里，和我在一起，而且从外表看，她跟其他的同龄女孩儿没有任何区别。

在研究积极心理学的过程中，我认识到了感激的力量。它不是什么简单的微不足道的东西——科学已经证明，为所拥有的东西而心怀感激比为没有的东西而唉声叹气更能增强你的幸福感。但是，感激的好处是在你采取行动，为所拥有的东西表达出感激之后才会产生的。人们错误地认为感激和幸福一样——都只有在它自然而然地出现在你的生活中时，才是真实的。虽然伴随感激而出现的情绪也是个额外奖励，但科学表明，你的幸福感在你表达感激之后会提高，就好比你从健身房得到的好处只有在你切实地出现在那里并锻炼出汗后才会显现出来一样。

但关键是要不受表达方法的限制，不囿于学术界的局限。其目标是排除钱与他人的眼光的因素，列出你所拥有的人或美好的事物，并充分地认识到能拥有这些是多么幸运。这会给人带来谦卑感和深深的感激之情。我发现有很多专注感激的应用程序，如感激365等，可以帮助你记录下一天里值得感激的事情。这是个很棒的工具，它让我习惯于记录自己的个人心得，这比我在脸谱网上发帖子更能让我受益。因为对于后者，在写下来之后几天的时间里我就会忘得一干二净。但尽管这类应用程序可以记录下我珍视的人和事的细节信息，但我还是要慢慢习惯放下手机，有意识地练习感激。

对我来说，感激是自我提升的工具，可以让我更有益于他人。我发现，如果我通过脸谱网或推特来表达感激的话，我可能会陷入炫耀自己心怀感激或者正在为他人无私奉献的泥潭。这有时会有点儿复杂，但从本质上来说，我相信感激是一种个人努力。在这个过程中，通过有意识地品味生活中你觉得值得感激的东西，你可以获得最大的益处。

但我不想给大家留下错误的印象。我是先强迫自己练习感激，然后才体会到了感激的好处的。我读了相关的科学解释，觉得很有道理，但还是等到自己在生活中实践了之后，才知道这不只是感觉良好但禁不起考验的哲理而已。所以，我利用自己的Foc.us耳麦，用它来检测我在练习感激前、中、后大脑的多巴胺、催产素和血清素水平分别为多少。这些元素常被称为“幸福荷尔蒙”。只要我达到沉思冥想或感激阶段，它们就会上升。换句话说，我无法作弊，无法只看一眼自己写下一串名字，就说自己今天练习了感激。极客式的解释说明还是非常有效的。

我仿照一些涉及某种沉思的正念练习来进行我的感激课程。在练习正念时，你可以充分深刻地感受到周围的环境，把注意力集中在呼吸上。作为一名演员，我做过很多这种练习，可以从根本上帮助你放松，从而能够反复体会你列举出来的值得感激的事情。为避免注意力分散，这里所需要的纪律性是非同寻常的。具有讽刺意味的是，技术时代给予了我们如此多获得信息的机会，但如果我们不集中注意力的话，这些信息没等到成为智慧就悄然而逝了。

就锻炼或减肥等事情而言，我是个信奉“要么成功，要么不做”的人。我并不是一定要推荐这种心态，但我不会每天只做一点儿锻炼，就期待会有好结果产生，我没有那样的意志力。在2014年，通过每天几个小时的锻炼，我在4个月内减掉了30磅。因为我了解我自己的方式，我必须得走到极端，猛地开始一个习惯。在感激训练上，我使用了一个应用程序，只有当我的荷尔蒙水平上涨（意味着我开启了感激模式）时，它才允许我上网或打开电脑上的文件。我还把这个应用程序连到了我家的智能房屋和汽车上。所以，如果我试图跳过感激课程的话，我就没法使用微波炉或者开车。值得庆幸的是，等到第4、第5天时，我开始很享受感激带来的好处，所以我就不再需要这些花招来督促我细细体会我在生活中所拥有的一切了。所以现在我不再使用那个耳机了。如果我太忙，或者必须出门旅行等，我就会盯着一张孩子们和芭芭拉的合影出神，我在照片上用便利贴写上了“感激”二字。很简单。

在养成了感激的习惯后，我便开始尝试在生活中践行伦理学中的利他主义。大量的科学研究证明，利他主义行为能带来诸多好处，包括提升幸福感、减少压力以及增强自尊感等。之所以说“伦理学中的”利他主义，意思是指我试图把自己的行为建立在自己所看重的价值观以及我所拥有的技能的基础之上。我知道这会让某些人感到惊愕，因为他们相信如果利他主义行为太过主观，或者不是出于无私精神的话，那么它就大打折扣了。我理解他们的逻辑，但我认为这会适得其反，原因有两个：第一，我永远不可能脱离主观，因为我永远是我；第二，我喜欢帮助他人带给我的感觉。另外，我觉得如果你真的帮助了别人，至于你是否“真正出于无私”则更多的是在学术层面需要搞清楚的问题。这种思维暗指了某些规则——你应该匿名给某人某物，你应该在别人看不到的情况下给某人某物，诸如此类。你必须绝对机智、优雅地给，而不能表现出炫耀心理，不应博大众喝彩。但我倒不愿意给渴望大行利他行为的人增加限制。用心给，经常给，以自己也愿意接受的方式给。现在就给，帮助所需之人，而不是唠叨个不停却不去做，让所需之人徒蒙苦难。

为开始积极践行利他主义之路，我发现了一个名叫“英雄”的应用程序。该应用诞生于一次由一家叫作ChallengePost（现名Devpost）的机构举办的幸福应用程序开发大赛中。其设计初衷是为了构建一个社区服务平台，并提供灾难协助。人们可以上传自己的需求或紧急需要，以获得当地朋友或邻居的帮助。它利用的是人们的蓝牙和无线局域网，所以这也意味着它可以不联网运行。总之，我开始用它来帮助我的邻居们，因为你可以发布很简单的小事，如“我需要一部梯子”，或者“我需要有人开车送我去医院”。它本质上是共享经济的一种表现，是人们表达自我需求、根据自身技能帮助别人的一种更加直白的方式。对我而言，这个应用仿佛是通往利他主义的通道，正如其名所暗示的那样，它让我感觉自己像个英雄，而同时又能让我走出家门。

2020年，当伊丽莎白·沃伦总统出台一项无条件基本收入法案（该法案令人意外地在国会获得通过）时，我的利他主义行为给我带来了料想不到的好处。该法案又叫作基本收入保障计划（BIG），这类收入法案背后的道理很简单：无论选择工作与否，每一名公民都可以获得一笔基准数额的钱，以维持生存。虽然保守党派人士竟然会支持这样一个法案看起来令人震惊，但沃伦利用来自加拿大和瑞士的数据，成功地向他们证明了创造工资最低限额是消除贫穷、减少政府支出的有效方式。我第一次了解到BIG是在看《华盛顿邮报》“Wonkblog”栏目的一段视频时，名字叫“给每人一张支票是不是个好主意？”

多年以前，在互联网还未盛行的年代（那时我还是个演员），我曾亲自去注册申请，领过一两次失业津贴。整个过程似乎是故意设置得那么令人尴尬，那么没有人情味儿。我非但没有感觉到国家在支持我找工作，并确保我不至于无家可归，反倒似乎觉得是那些清教徒先辈们在惩罚我的懒惰和颓废。那种感觉糟糕透了。在办公室里填完表格之后，我甚至觉得小霍雷肖·阿尔杰都会死而复生，然后在后面的巷子里揍我一顿。基本收入保障计划虽然也是为了提供某种福利，却和失业救济金不同，因为它是面向所有市民发放的。这是为了铲除接受政府“施舍”的污名。

从根本上来讲，BIG法案的目的是为了帮助人们有能力靠自己过活，无论其当前工作状态、种族或性别如何，使之不再依赖公共资源。这似乎是个疯狂的想法，人们很容易会担心有人出于懒惰或缺乏职业道德而故意选择不工作。但机器带来的自动化已经让很多人失业了，这意味着美国的GDP在过去的几年里接连受挫。没有钱买东西的话，人们就无法成为好的消费者。自己琢磨去吧。

当你从逆所得税（NIT）的角度去考虑的话，这个想法就不那么疯狂了。正如罗格斯大学的菲利普·哈维在其题为“无条件基本收入与逆所得税的相对成本”一文中所指出的，“NIT是一个可退税的税款抵免体系，它确保符合条件的纳税人拥有一定的最低收入，没有其他收入来源的纳税人可获得NIT全额现金退税，从而为其提供基本收入保障（BIG）”。这么做也会有一些不良后果，例如拥有BIG计划的国家可能会竭力阻止外来移民获得该国公民身份。但就沃伦的情况来看，她关注的重点是在消除贫困的同时刺激经济，是针对所有公民而言的，而不是只对高收入人群或企业提供税收减免或免除的优惠。

在该法案中，沃伦还列出了一项条款，允许个人根据自己对社区或社会整体的贡献来扩大自己的收入规模。这是为了提供更多的直接资助，而不是限定只有非营利行业之外的个人才能获得资助。还有一些州选择创建一些项目，如果子女参加获批的社区服务项目，就可以提高父母的收入。这里采纳的是罗伯特·肯尼迪的女儿凯瑟琳·肯尼迪·汤森的想法，她在21世纪之初就在马里兰州创建了义务性社区服务项目。虽然有人担心这会导致游手好闲的父母强迫自己的孩子工作，但是这些项目都有严密的监控，可以避免出现上述问题。学生们也认识到他们的努力可以被当作某种职业培训。或者说，他们可以选择把这种根据自己的工作量而定的相当于金钱的东西存起来，以供自己将来上大学或加入自己的BIG计划之用。

就我而言，当沃伦的法案通过以后，我选择参加了一个叫作"无私社区，尊敬老人"（简称CARE）的项目。如今，我会到老年人的家里或敬老院中，利用自己善于写作和讲故事的本领，写下他们的生平故事，留给他们的后代。同时，我还会给他们录视频，为其家人或未来的知识库提供视频档案。这项服务是我原来为公司客户们提供的，如果没有这种项目的帮助，这些老年人及其家人可能无法负担得起这项支出。

有时，在我拜访的时候，还会看到老人的房间里有像胡椒或Jibo这样的机器人陪同。这些机器人可以录制视频，并和医院里的人类职工交流，我已经习惯了它们的存在。但是很多时候，老人们在习惯了我之后，会等我一到那里就要求我把陪同机器人关掉。这有点儿古怪，我感觉这就跟前男友或前女友站在配偶新欢面前的情景一样。我知道机器人不会真的感觉受到轻蔑，但把它们关掉肯定增强了我跟客户之间的亲密关系。

对我来说，我可以慷慨激昂地就自动化夸夸其谈，或者执一口政治说辞，来宣扬BIG是个多么棒的解决办法。同样，其他人也很容易会把这当成一种施舍而大加指责。我所知道的是，自从项目实施以来，很多人都不再那么害怕自己没有能力照顾自己的家人了。作为一个历史迷，我常常想，我所经历的喜悦是否和富兰克林·德拉诺·罗斯福颁布新政时的工人们所体验到的一样呢？虽然我很理解清教徒式的职业道德，但我并不仅仅是因为有工资或工作而对跟老年人相处感到兴奋不已——我之所以兴奋不已，是因为我的工作能用到我的技能，所以说，除了能养家糊口之外，它还给了我意义。我无法控制人工智能和自动化的发展，但我可以细细体会与客户相处的时光，记录下构成他们生活的故事。还有一个小秘密：这不仅帮助了他们，同样也帮助了我。

幸福经济学

> 未来属于利他主义者。这是我们与生俱来的天性，是我们立足于世的必要条件。但尽管我们对追求自身优势这一合理而又正当的做法熟稔于心，但我们仍不确定哪些冲动会让我们从别人的幸福中寻找到自己的幸福。
>
> ——斯特凡·克莱因，《善者生存》

我们的幸福与人工智能之间存在着不容动摇的联系。虽然机器获得感知能力可能还需要几十年的时间，但是算法和数字已然充斥着我们的生活。自动化和失业的威胁是真实存在的，所以，我们必须慎重地考虑如果不工作，我们作为人类将如何获得幸福。

我想出的办法叫作幸福经济学，即积极心理学原理与可测量、可操作度量指标的结合。我根据自己对英国事物的喜爱，借用英国地铁上常能听到的提示音：Mind the GAP（“注意空隙”），来概括这里所说的积极心理学的想法，其中GAP分别代表的是“感激、利他主义和意义”的英文首字母缩写。我把意义分为两个部分：价值观与心流。以下是我对这些因素的解释：

- **感激（Gratitude）**：正如本章开头所暗示的，感激是有助于集中注意力的工具。它包含正念和品味的意思，并充当某种增强幸福感的情感训练项目。
- **利他主义（Altruism）**：有时被称为同情心，提供了一个把个人的情感训练或幸福感延伸至他人的机会。
- **意义（Purpose）**：
  - **价值观**。正如在价值观一章中所描述的，我相信驱动一个人生活的具体伦理、道德和价值观，提供了定义这个人之所以为人的特性。把这些价值理念植入机器中，可以确保我们继续从这些区分人与机器的特性中获益。它们还提供了一种方法，让我们从个人层面、社区层面及国家层面上确定哪些是对人类非常重要的东西。
  - **心流**。正如我在《入侵未来》一书中所讲到的，米哈里·契克森米哈赖的《当下的幸福》是积极心理学领域的重要著作，自1990年首次出版就一直居于全国畅销书之列。虽然心流并不一定令人愉快——例如，运动员在获得最佳体验时可能身体正处于痛苦之中——但它却代表着我们感觉自己在做一件拿手的事情时的状态。它通常还包含着几乎不能超越，却可以带来极大的满足感的挑战。因为在掌握一门技术的过程中，你会获得一种深切的意义感和成就感。对此，契克森米哈赖在《当下的幸福》一书中已经说道："当一个人的身体或心灵在自愿去努力完成某个困难而又有价值的事情的过程中达到极限时，通常也是最佳时刻（心流）出现之时。"

我已经列出了一些简单的活动，你可以在实际行动中体验这些特性。这些活动应该由两个人一起完成：

感激

• A问B："让你心怀感激的人或事物有哪些？"

• B用两三句话来回答。如，"我感激我的家人，因为……"

• A重复B之所以感激的原因："你感激你的家人，因为……"

• A和B互换，重复上述步骤。

心怀感激有助于留心并珍惜自己所拥有的东西，而不是没有的东西。尽管只是简单复述你说的话，但可以让你听到别人提醒你你所感激的东西，这是非常有用的。它让你把这个感同身受的人的面孔，与你对生活中所感激的具体事情联系起来。

利他主义

• A问B："你在工作或在家时所想到的、值得与人分享的想法是什么，为什么？"

• B用三四句话来回答。

• A称赞B，从具体的方面说出自己觉得该想法有用的原因。

• A和B互换，重复上述步骤。

“ROA”（利他主义回报）包括两个方面：你既增强了自己的自尊，又帮助了他人。在本节开头，我引用了斯特凡·克莱因的话，因为我觉得在走向一个机器人时代的未来时，知道如何“从别人的幸福中寻找到自己的幸福”是势在必行的。虽然社交机器人和人工智能肯定可以提高我们的生活质量，但利他主义和同情心却给我们提供了在今天和未来获得幸福感的自由之路。这些行动需要花时间，需要社会态度的转变，但它们却提供了除了靠消费产品或药品来消除抑郁之外的另一种办法。从这个层面来说，对我们自己及他人的情感幸福的个人干预同感激一样，都可能蕴含着大规模的经济影响。另外，虽然陪伴机器人可以反映或替代同情，但如果不亲自把这些行动付诸实践的话，我们人类是无法获得内在幸福感的提升的。

价值观

• 利用第8章里的价值观调查，考虑一下如何让你的兴趣和道德与社区的需求对接？你是否真的觉得根据自己的价值观来帮助他人，能够增强自己的幸福感？你是否愿意尝试并检验这些想法？

心流

• A问B：“你上次沉浸在工作或某项活动中，是在什么时候？”忘记自我就叫作“心流”——正如前面提到的，是做一件你很拿手的活动时的心理体验。

• B用三四句话来回答。

• A问：“在工作或某项活动上多花时间会如何改善你的生活？”

• A和B互换，重复上述步骤。

做你擅长做的工作可以提高你的内在幸福感。虽然我们都不得不工作赚钱，支付账单，但可以通过学习某个乐器或塑造更好的体形等，来获得心流的体验。关键是你要找出你觉得自己天生就应该做的事情，并想办法增加它们在生活中的分量，以此增强你的幸福感。

我之所以选择使用GAP一词，是因为它还指代企业界的缺口分析理念。根据维基百科的定义，缺口分析是“实际表现与可能或期望表现之间的对比。如果一家机构没有最充分地利用现有资源，或者放弃了资本或技术的投资，则其产量或实际表现便可能低于期望表现”。

目前，我们很多人会根据财富确定自己的自我价值感，而GDP的设计，也是为了仅通过财政指标来衡量一个国家的幸福。这些衡量指标本身并不能包括我们的所有方面。它们不是幸福的有效代理，所以我们才需要GAP，它是由可衡量的活动组成的，关注的是感激、利他主义和意义。

这个想法是不是太简单化了？是的。是不是太理想化了？更是。

但它同时也是可以试验的。今天的物联网就包括通过人们的健康数据、情绪和行为，对人们进行测量的概念。正如我在《入侵未来》中详细指出的，最近，量化自我和可穿戴行业人气大爆发。无论是个人花时间自我追踪，还是通过苹果健康应用等自动进行数据测量，认为这种能够深入反映情感及身体幸福感的新的数据范式不会影响整体的商业、政府与文化的看法，无疑是缺乏远见的。虽然我今天关于追踪幸福或测量感激的说法可能听起来有些古怪或站不住脚，但有如此庞大的个人数据是建立在这些特性基础之上的，其存在本身是不容忽视的。基于扩大消费的幸福非但无效，而且已经过时。这也是为什么说国民幸福总值和真实发展指数等新度量方式能够提供更好的方法，以便将来追踪公民的幸福感。对此，下一章将展开讨论。

现在，我们说些简单的。如果你已经尝试了上述的任意一项活动，你的幸福感有没有一点儿提升？如果提升了，很好。在本书末尾，我列出了更多链接，以便更深入了解这些领域，其中包括“幸福的科学”课程（由至善科学中心提供），以及Happify网络社区，它提供了各种积极心理学的策略，以便长期测量并提升你的幸福感。虽然你需要自己探索这些资源，才能找出适用的最佳工具——这跟运动养生类似——但我可以保证，其中的任何一种方法都比以下几个更能增强你的幸福感：

- 工作被机器人取代。
- 就自己的工作何时会被机器人替代进行争辩。
- 疑惑工作被机器人取代之后，自己会找到什么样的工作。

我还相信，那些利用根据自己的价值观为其带来心流体验的技术的人，将有助于经济整体的变革。可以利用大数据找出社区的需求所在，找出可以给予帮助的人。就像“英雄”应用程序，人们可以从中获得一种意义感、增强自尊，而这都不需要金钱。这正是所希望的在不远的将来能够和不可避免的人工智能齐头并进的幸福经济学。

机器时代的基本收入保障

我在本章开头提出了基本收入保障（BIG）这个概念，因为我们要在近期内讨论与幸福相关的问题，就不可避免地要想出应对机器自动化的切实可行的解决方案。如前所述，摩尔定律及谷歌自动驾驶汽车左转的问题均已表明，我们所认为的机器或人工智能所无法取代的人类特性正在快速消失。尽管目前机器确实更擅长做分析类任务，而不是需要同理心的任务，但整个社交机器人学的注意力几乎全都集中在如何让类人的互动交流给人提供一种陪同感和幸福感上面。所以，我们可以假定，机器至少能够“假装”有同理心，假装有情感，而这却是我们很多人都做不到的。

就应对近期自动化和人工智能的实际解决方案而言，《机器人国》一书的作者斯坦·尼尔森有一篇探讨解决办法的论述，讨论如何应对他眼里（也是我眼里）的机器自动化的必然性，这篇文章绝非无稽之谈。以下是该书的开篇：

> 不论我们喜欢与否，我们人类注定是会被淘汰的。一旦智能机器人的能力超过了我们，我们就会被淘汰。这肯定会在将来的两个世纪里发生，但也很有可能更早。当我们被淘汰之后，我觉得人类的未来只有三种可能的出路。我们要么通过某种方式统治机器人一族，尽管我们在身体和精神上都更逊一等，它们还是会服从我们的命令。要么机器人种族能够容忍并控制我们，它们要么无所谓我们的存在，要么把我们当成奴隶、宠物或研究对象使用。又或者，某个机器人种族觉得我们太过危险，只会对他们达成目标起反作用，因此不允许我们存在，而把我们消灭掉。简言之，我们可能会被敬仰，被奴役，或者被消灭。

漂亮！这个引子怎么样？尼尔森曾是一名人工智能工程师，拥有军用和商用程序开发的资历背景。如果一个人工智能领域的专家认为我们的未来只有三种可能的话，我会倾向于听听他怎么说。这本书内容丰富，发人深省。之所以在本章提它，是因为它提出了某种能够将人工智能的道德困境与人类需要意义感来实现幸福的需求联系起来的办法。尼尔森将这种需求定义为一个基本道德目标，是修正功利主义的一种。功利主义是规范伦理学里的一个理论，它关注的是功用的最大化，或者正如杰里米·边沁——支持功利主义的最伟大哲学家之一——在其著名的《政府片论》中所说的："判断是非正误的标准，恰在于最大多数人的最大幸福。"这就是通常所说的"最大幸福"原理，尼尔森提出了他所谓的"修正边沁学说"，来作为创建人工智能道德标准的一种办法。

我在本书引言部分已经提到，我不是一位伦理学家，但我却为伦理学对道德、哲学与行为的关注与应用而深深着迷。根据维基百科定义，规范伦理学是"伦理学的一个分支，研究一个人应该如何做出符合道德要求的行为等一系列问题……描述伦理学关注的是有多大比例的人认为杀人总是不对的……（而）规范伦理学关注的是这个想法是否正确"。从这个层面来看，在考虑如何制定能够反映我们的价值观的人工智能标准时，功利主义则显得非常有道理。它关注的是行为的后果，这比一个人的意图更容易进行研究。这也是为什么我认为追踪价值观如此重要。因为这样可以让我们实实在在地看到我们在生活中是如何践行这些所谓的信念的，而不仅仅是嘴上说出来的善意。

尼尔森对其修正边沁学说的实际功用做出了相对详尽的分析，同时他也指出了该理论内在的道德难题。例如，功利主义者可能会说，如果折磨一个孩子能够"治疗全世界的病痛"，我们就理应这么做。虽然这个想法在道德上是应该受到谴责的，但这却很好地说明了道德标准委员会在军事化人工智能方面所面临的处境。从实际的角度来看，是瞄准并杀死一小部分人更好呢，还是承认平民的丧生是战争的“附带损害”才是更好的选择？当你尝试回答这个问题时，你就能明白创造人工智能道德标准有多复杂了。

但这确实是一个开始。通过把斯图尔特·拉塞尔的思想，与其逆向强化学习的思维方式结合起来，我们便可以在人工智能和自动化不断发展的今天，找到一种人类的意义感。尽管注意GAP或许真的能让人们通过积极心理学提高幸福感，但如果人们没有工作及工作所带来的意义感的话，这些行动也不会这么有效。

在对《机器危机》一书的作者马丁·福特进行采访的过程中，他表达了对保障收入计划的想法的拥护，我在本章开头已经有所描述。他认为这能够创造一个新的未来，即人类可以在传统工作以外获得新的目标和意义。福特在我们的谈话中指出，基本收入保障的想法并非新的产物，像米尔顿·弗里德曼、弗里德里希·哈耶克这样的杰出人物都曾提倡过。事实上，理查德·尼克松还在1969年的“家庭援助计划”中提出过这样的保障收入计划，为有孩子的美国家庭提供定期津贴。以下是福特对自己在这方面的想法的陈述：

> 我认为，我们必须向保障收入靠拢。这需要激励人们通过接受教育以获得保障资格的一些措施。这样，人们就不会丧失学习的动机。还要有刺激人们在社区工作，或者为环境做一些积极贡献的措施。由于收入与工作不再挂钩，这些活动需要复制传统工作的某些特征，我认为这是未来的发展趋势。通过给人们提供某种目标意义，即使不再从事传统工作，他们也能获

得成就感。

从经验来看，这个想法是有道理的。因为积极心理学已经表明，当人们能够利用自己的技能时，无论是否有薪水或薪水有多少，人们的内在幸福感都会上升。福特提到了维基百科的例子，维基百科的贡献者们虽然不会得到任何金钱报酬，但仍然投入了大量的劳动与时间。他们为该网站做贡献，动机不在于物质利益，而在于在这个过程中所获得的意义感。

BIG计划的采用需要考虑一个重大的问题，即动机问题。如果人们什么都不做就可以领薪水，那他们为什么还要继续工作呢？一方面，这类计划中有很大一部分都建议向个人提供仅能维持生计的金额。这个想法的意思是，大多数人都会继续工作，目的是为了获得“安全级别”的收入，相当于今天的储蓄存款。在自动化大浪潮中，这一财政保护措施将提供一个实际解决方案，帮助人们维持生计。同时，人们也会寻找新的工作或活动，以增强其幸福感。在BIG方案下，我肯定会有“懒虫”存在，或者有些人既不工作，也不帮助他人。但我们不能因为这种情况不可避免，就忽略绝大多数愿意在传统工作不复存在的未来继续劳动并寻找意义的人。

《国家地理》的“车间”节目主持人马歇尔·布雷恩在其被称为“机器人的国度”的系列散文中，有一段有关自动化未来的令人信服的论述。在系列第三部分——“机器人的自由”中，他概括了当前专家们为应对广泛的自动化趋势而提出的许多“传统”解决方案，包括禁止机器人进入工作场所、减少每周平均工作时间、对机器人劳工进行征税等。所有这些想法都被他斥为不切实际。

与之相反，他提出了“超大型资本主义”的想法，在本质上与BIG的解决办法类似。根据这个想法，所有公民每年都将获得25 000美元用于消费。这会让经济保持强劲，刺激创新与创业，并确保人们在自动化浪潮中得以生存。随后，他列举了16种获得这笔钱的方法，其中包括国家共同基金、“罪”税（从烟酒等产品征得的税收将直接用于该计划中）以及“极端收入”税等，以解决该国企业及富人的巨大财富聚集问题。布雷恩的多部散文著作《吗哪》对自动化进行了极其令人叹服的虚构描写。其中重要的一点是说，仅仅由利润动机驱动的技术无疑会给人类带来痛苦。

不管这些解决方案是否站得住脚，其中的想法还是可行的，表现出了我们将来不得不面对的有关人工智能、自动化，以及我们如何在将来获得幸福与快乐的情境。

拥抱技术进步

要我对人工智能的未来持悲观态度，这很容易。但我无法一边沉溺于恐惧或消极当中，一边向你提倡注意GAP。这些新兴技术正在不断取得令人惊奇的进步，而我们应该拥抱它们，而非孤立。就自动化取代我们的工作，尤其是我孩子未来的工作而言，如果能证明我是错的，那我会非常欣慰。但为这种可能做准备仍然是有必要的，其中包括采纳积极心理学的思想。那样，我们就可以训练自己，在无须传统工作的生活中寻找意义，并在这个过程中心怀感激。

本章主要观点总结如下：

到了注意GAP的时候了。实证科学继续表明，通过表达感激、帮助他人、采纳以价值观为导向、以技能为基础的生活方式等行为，可以增强我们的幸福感。在探索人工智能和自动化将会如何影响我们的未来的同时，我们还可以通过探索积极心理学正如何改善人类的今天，从而提高我们当前的生活质量。

幸福经济学将成为强制措施。物联网（和物体有关）和备份互联网（和人们的个人数据有关）将会提供多层次的需要社会关注的责任。相关讨论应该跳出数据隐私的局限，以创造能让人们的身份及行为在公共领域进行显示的综合性方式。可穿戴设备及其他设备所测量的快乐或幸福感，便可以用于此目的，并可以和国民幸福总值、真实发展指数等总体测量方法挂钩。这样，国家便可以进行实时观测，看政策到底是会有助于公民的公共福利，还是会起到阻碍作用。

大问题，“大”办法。基本收入保障的办法或许在美国行不通。但由于自动化技术的广泛应用而逐渐扩大的贫富差距，要求在就业和收入方面提供可行的短期和长期解决方案。如果那么多的美国人和全球其他国家的公民很快就因为人工智能或自动化而失业，那么我们现在就必须对一些实用的想法进行验证，从而解决这一问题。

HEARTIFICIAL INTELLIGENCE

第 11 章　经济学的进化

HEARTIFICIAL INTELLIGENCE

2030 年秋

“嗨，约翰。该醒醒啦。”

我翻了个身，向Caffie点点头，Caffie是我的个人机器人助理。她是仿照Robotbase公司在2015年开发的一款私人机器人的样子制作的。她有一个特别的椭圆形“脑袋”，运行起来就跟一部iPad似的，上面会显示出一张活泼的年轻女子的脸庞，并且有着大大的蓝眼睛。我和芭芭拉给她起名叫Caffie，是因为每天早晨她就和咖啡因一样，督促我们开始新的一天。

“芭芭拉去工作了，”Caffie在我坐起来时说，“她给你留了一段小视频。你想看吗？”

“好的，谢谢。请放吧。”

屏幕上Caffie脸的位置出现了芭芭拉的脸。“嗨，亲爱的。我要去和苏珊碰面，跟一个准备结婚的潜在客户聊聊。他们很显然有着很大的一笔预算，所以我俩非常兴奋。午饭时间应该可以回到家。”屏幕上再次出现了Caffie的脸。“要不要来点儿现磨咖啡？如果你愿意，我还可以把楼下的室温调高点。”她这样提议道。

“好的，就跟平时一样就行，谢谢。”Caffie可以跟我们的智能房屋沟通。从本质上来讲，她真的是一个非常聪明的用户界面，具有语音和面部识别的特色功能，还可以将之转换成房子里的智能设备能够理解的代码或行为。这个功能真的非常棒，因为如果早晨起来要先让某个人写好代码，然后才能泡杯咖啡的话，那可真就堪称是件残忍的事情了。

我去卫生间时，Caffie就待在外面的客厅里。虽然很多稍微年轻一点儿的人似乎并不在乎自己的机器人是否在观看他们如厕，但我仍然感觉这怪怪的。从那个角度来看的话，拟人化确实是个相当私人的过程。然而，我们的确有个智能厕所，所以如果通过我的晨间活动推断出我存在某一健康问题的话，那么Caffie当天就会让我知道。不同的是，她不会直接告诉我消化系统可能出了什么问题，而是会往我要喝的水里加点儿维生素或者其他能让我康复的东西。

我早就不再量化自己的身体状况了，至少不会每天都这样做了。原来，我要花很多的时间才能弄清楚如何优化自己的饮食，而现在只要我的饮食出现不均衡了，Caffie就会提醒我。她还会帮我控制饮食，包括锁上我们放薯片的柜子，给我看看自己最胖时的照片，等等。当然，这些都是我通过程序让她这样做的。虽然听起来很像老大哥的做派，但她只不过是我的个人偏好的一种表现而已。尽管如此，当我在深夜看科幻电影，而她却不让我吃薯片时，我仍然会感觉火冒三丈。但她本质上就是我，所以我实际上只不过是在跟自己生气而已。

虽然这听起来很复杂，但慢慢也就习惯了。

能够保障Caffie这样的程序得以成功的很多技术的创新都源自于一家叫作Wit.ai的公司，它关注的重点是为物联网创造自然语言指令。这是极为智能的，因为它能帮助程序员把人类语言翻译成设备可以理解的代码。2014 年，这家公司被脸谱网收购。所以现在你可以仅仅通过说话并使用基本指令，就可以向朋友发送信息了。能够直接说“发照片”这样的短语，就意味着跟许多年前相比，人们很少打字了。自 2017 年以来，我大拇指上打字打出来的茧子都没了。

下图来自 Wit.ai 网站，说明了其服务的运作流程：

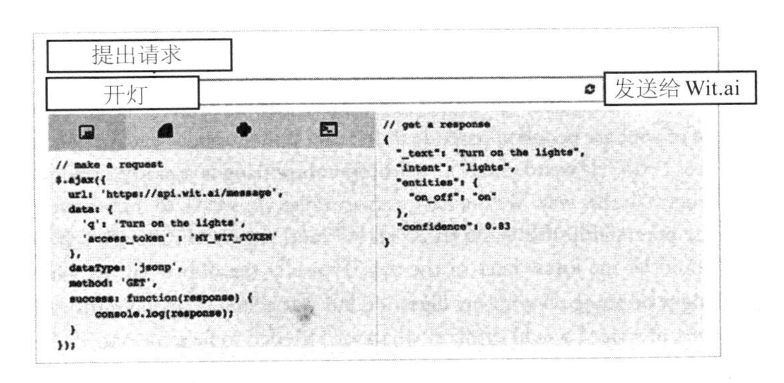

酷吧？虽然这项服务最开始是方便开发者开发应用程序用的，但随着它变得越来越简单，普通消费者也能用它来开发自己的应用程序了。另外，Wit.ai“从每一个互动交流中学习人类语言，还利用了社区，所获得的信息会在开发者之间共享”。这种语言综合学习法被用来帮助构建适用于所有人工智能系统的道德标准。与程序员和普通大众一同工作的伦理学家们发现，相比根据猜测进行情景构建，对人们真正想让物联网如何塑造其生活进行分析则容易得多。幸运的是，马克·扎克伯格已经同意这样使用该公司的知识产权，因为他认识到共同道德标准同样会给脸谱网带来新的收入来源。当人们以能够反映其价值观的方式使用这项服务时，广告商们便可以更加准确、公开地锁定目标用户。同时，这其中的利润脸谱网还可以分得一杯羹。每个人都是赢家。

这个概念后被称为“设计价值观”（VbD），是根据“设计隐私”（PbD）的政策框架来设定的。虽然设计隐私的运行方式有多种，但其基本原则却为人们选择如何控制自己的个人数据提供了一些方法。要做到这一点，就必须在程序面向大众推出之前，就把隐私措施嵌入程序的设计当中。该程序还必须透明，必须以用户为中心。这样，个人用户才能充分明白自己的数据在交易过程中是如何被使用的，是在哪里被使用的。隐私管理的困难之处大多在于，它必须在个人数据已经被追踪或出售之后，才能加以处理。让用户在数据被追踪之前就知道自己的数据可能会被如何使用，这就把控制其身份的权力交到了他们的手里。他们仍然可以在自己认为合适的情况下，与广告商、品牌商或其他任何人互动。设计隐私意味着他们可以对想与之互动的人及相应的理由进行管理，并为二者互动提供一个框架。

设计价值观为个人提供了同样的框架，却在人与人互动的标准隐私的基础上，增加了一层道德语境的信息。例如，我朋友戴维在市场营销与公关部门工作，他会通过社交网站进行很多共享。他对自己的个人数据一清二楚，并把它放在个人云端加以保护。这样，广告商和品牌商就知道如何以及何时跟他接触，推送他可能想买的任何产品。从戴维这方面的生活来看，设计隐私就满足了他的要求。然而，精神信仰也是戴维生活的一大部分。他练习冥想，还在一所学校开课，帮助人们探索其生活中信仰的意义。就戴维关注这些理念的这部分生活而言，设计价值观的方法则比单纯的产品定位更能有效地对应到他。设计价值观还有助于让某些公司明白自己不应该接触戴维，如酒类品牌，因为根据他的信仰来看，他是不喝酒的。这样，设计价值观就可以做到让人们管理自己的数据，不仅仅用于追踪有关其生活的一般统计数据（年龄、性别、位置），还有构成其生活的更深层次的道德信仰的数据。

设计价值观的理念体系还延伸到了物质世界里，从人们的个人数据及数字习惯获得信息。例如，如果一个人爱护环境，他就可能会在家里省电，从而造福整个社区。这可以从他所在的电网判断得知。尽管通过普查或调查数据可以间接测量人们的价值观，但如今的信息变得越来越细碎化了，因为人们的行为是通过其手机及周围世界里的传感器来测量的。

“你想听听新闻吗？”我刚从卫生间出来，Caffie就这样问我。

“好的。”我说，她便打开了全国公共广播电台。我站在楼梯的最高处，轻轻地揪起Caffie，把她拿到厨房来。虽然多年以前，本田的工程师们就已经研发出了阿西莫机器人，可以实现在楼梯上行走并转弯，但跟Caffie这样带车轮的机器人相比，那还是太贵了。另外，我还真有点儿喜欢让她依赖我做些事情。

等我喝完咖啡，吃完早餐，屏幕上的广播图标不见了，出现了Caffie的脸。“你要不要听听社区的国民幸福总值数据？”

“好的，请说。”我答道。

“首先，总体来看，过去24小时里人们的生活满意度分数有所上升，”Caffie说道，“我检查了人们在社交媒体上发的帖子，这看起来是由于昨天气温上升引起的。”Caffie得出这些结果所使用的方法，是由宾夕法尼亚大学的研究者们开创的，是该校“世界幸福项目”的部分内容。研究者们发现，一来，通过收集社区成员的发帖可以推测一个社区的幸福状态；二来，从该数据获得的信息在从市场营销到医学，再到国家安全等各个学科领域都有实际用途。其他公司已经这样做了一段时间了——就拿致病天气（Sickweather）公司来说，它从社交媒体帖子中提取有关疾病的信息，这对孩子仍在上学的父母来说是极其有帮助的。借此，我们可以非常准确地知道是否应该让孩子待在家里，以免感染最新的流感，还可以了解附近的任何动态。

“嗯，”Caffie继续说道，“环境分数有所下降。”

“我猜这是因为少年棒球联赛开始了，对吧？兴奋的家长们忘记处理装水的瓶子了，或者是有其他情况？”当我说“水”时，智能冰箱上的图标“砰”的一声亮了。如果我再说“倒水”的话，它就会往杯子里倒水，但我没理它。

“正是，”Caffie说，“我刚跟镇里的生活垃圾分类维护站联系，他们报告说现在的垃圾比平时要多。”

“他们会被罚款吗？那些家长们？”

Caffie栩栩如生的脑袋上下摇晃着。“是的，因为他们是在公园里。通过他们的可穿戴设备，可对其全球定位信息与其购买水的地方及所摄取的水量进行交叉比对。”

“但那只是在他们选择加入环保价值观行动的前提下，对吗？”咖啡的香味还留在空气中，所以我开始另煮一壶。Caffie知道没必要请求我允许由她来替我做——虽然我把煮第一壶咖啡的权利让给了她，我依然乐意保持煮咖啡的习惯。

“是的，”Caffie说，“这就跟把薯片锁在柜子里一样。只有他们做出自己将来想要阻止的行为时，他们报名参加的项目才会加以罚款。这实际上是一种双赢。如果他们记得回收利用，那么大家皆大欢喜。如果他们忘记了，他们会因为罚款而生气，但所罚的钱会被用于清理环境。”

“而那些害怕大政府，或者认为这项技术有侵略性的人会怎样？”

“他们可能还没有报名参加这些项目呢，”Caffie笑着说，“而且没有私人机器人。”

“今天附近小区的心理健康分数如何？”我问。这些指标指的是社区里人们的情绪健康。他们都参加了一个允许把面部及生物计量信息向其他参与者公开的项目。

“哈里昨天似乎有些寂寞。”Caffie说。哈里是个鳏夫，住在离我三户远的房子里。他每天早晨和下午都会出去遛自己的金毛犬。每次见到他，我都会喊一句“嗨，哈里！”，而他则会朝我使劲挥挥手，然后走开。

“你怎么能看出来？”我问，“一般情况下，我看他似乎挺坚定的。他的狗把他拽得不轻，所以他可能只不过是光顾着不要摔倒了呢。”

“我身上装有瞳孔级别的分析设备。就像你说的，他的脸确实表现出强体力活动的状态。但他瞳孔的收缩方式却说明他很忧郁。”

“真不幸，”我说，“这几天他有没有向社区发送什么需求？有没有我可以帮他买的东西？我猜他也不是一个Oculus Rift用户，所以我也不能试着跟他在虚拟世界聊天。”

“他没有发布任何需求，他在虚拟世界也不太活跃，”Caffie说道，“但根据基于云的最深层的人工智能，这个可以以十亿分之一秒的速度获得全世界信息的技术，我有一个建议。”

它的话音给人一种不祥的预感。

“什么建议？”我问。

“他刚刚出门去遛狗了。”Caffie眨眨眼，“至于他可能有什么需要，为什么你不亲自去问他呢？”

在智能时代追求意义

请按照“If I Only Had a Brain”的调子唱：

如果你关注的是钱财，增长看起来就十分实在，且只有钱能发挥作用。

从经济上来说，对不起，但你的理论有漏洞，你得衡量心。

说金钱不能增强幸福，我知道这乍听起来不可信，但也该重新开始。

请放开心胸，不要小气无礼，还有很多指标能让你繁盛，在你开始衡量心的时候。

哦，我知道是为什么，你在努力理解。但现在不要担心，我那爱数据的朋友。这是开始，不是结束。

所以不要给自己压力，关于我说的那些指标，像教育、健康和艺术。

因为时代在变，经济在重组，现在我们得衡量心。

——约翰·C·黑文斯，为国民幸福总值大会而写，2014 年

我知道，我开篇写的故事看起来有点儿吓人。Caffie及其数据极具侵略性。对于不喜欢政府或者他人对自己了如指掌的人来说，这个未来场景可能会引起担忧。

这不无道理。

但需要提醒的是，我上面所讲的所有追踪的例子，此刻正在或者可能正在你和你的数据身上发生，只不过是你不知道而已。想象一下无数个在线及在你周围的Caffie机器人，正在未经你同意或在你不知情的情况下，通过物联网获取有关你身份的信息。而它们所

收集的所有数据都不会直接给你带来任何好处。或者即便能给你带来好处，你也可能不知道，因为在这个事情上根本没人征询过你的意见。这个情景会好一些吗？

经过对人工智能和新兴技术的大量研究，我已经意识到，在不远的将来，做人也是件需要技术的事。我们今天使用的工具、应用和设备将来只会囊括我们更多的意识。

或许那时断电就不会这么频繁了，或许电池永远都不会耗尽。或许无线网将无处不在，所以人们就不用担心自己的情绪识别工具或生物计量传感器不能使用。或许不使用任何技术的人与人之间的互动就会看起来非常落后，就跟今天我们看待学习古拉丁文的人一样。

好吧，那会很奇怪的。

但如果把我们的幸福数据向大众公开的话，就会给人类带来一种责任义务，正如我在上文有关的Caffie情节里所描述的一样。可能躲进某种虚拟或增强现实中，从而避免与他人接触会比较容易，但尽管如此，我们的心灵和精神将会一直渴望与他人的接触，而不会只满足于技术带来的好处。

然而，我们必须要面对的一个风险是技术会让我们更加容易避免和处于困境的人接触。我以前曾写过，增强现实隐形眼镜的程序设定可以不让用户看到无家可归的人，或者可以避免提到不愉快话题的新闻。我们现在就已经在借助低等技术这样做了。但如果机器取代了我们的工作，或者承担了原来需要我们大量思考的工作的话，将来我们必然会渴望帮助他人能够带来的那种天然的激励。

或许，未来的毒贩将会是经营非营利性机构的人，他们为某些特定人群提供机会，使其通过参加志愿活动来增强自尊。或许最受欢迎的电子游戏会允许用户给有需要的孩子们上课，或许解决全球饥饿等问题。

那也会很奇怪。

但难道你不想接受挑战吗？难道你不渴望别人认可你所拥有的技能与天赋，从而在这个世界上充分发挥自己的潜力吗？我想。令人兴奋的是，包括人工智能在内的许多新兴技术可以帮助我们认识到我们的才能可以给周围的人带来多么大的影响。但在一个消费主义世界释放的大数据，其中的限制作用是极其巨大的。它要求我们关注自己多过他人。我们挣钱是为了购买产品。我们消费媒体是为了自己娱乐，是为了了解我们想要购买的产品。

但随着人工智能和自动化的到来，我们可能无法挣到足够的钱来购买产品。我们将买不起在失去工作而又找不到其他意义的生活中所需要的娱乐。那么，当普遍的自动化到来时，我们还有什么选择呢？

1. 绝望。这永远是个选择，永远不会短缺。

2. 追求享乐。很有吸引力，但很有限。而且快乐通常由我们所逃避的痛苦来定义。

3. 追求意义。答对了。

快乐跟幸福很像。你可以追求快乐，但它起伏不定，而且最后通常会留下一片毫无意义的空白。追求意义则是一个持续的旅程，而且无论有无技术的帮助，你都可以追求意义。开始或结束的权利都在你。

GNH和GPI——新经济指标

在《入侵未来》一书中，我详细描述了国民幸福总值（GNH）

这一概念的产生。在罗伯特·肯尼迪的一篇演讲的启发下，不丹第四任国王吉格梅·辛格·旺楚克创造了GNH这个术语。由于不丹国信仰佛教精神，他觉得GDP不能准确衡量不丹的情况。随后，与其一同合作的卡玛·乌拉创建了不丹研究中心，并发明了一个调查工具，通过一系列指标衡量不丹的幸福。相对于主要关注财政方面的GDP，这些指标关注的是金钱之外的领域。

下表是GNH指标的示例图，由非营利性机构幸福同盟制作而成。我是该机构董事会的成员，其创始人劳拉·慕西坎斯基的研究成果让我了解了为制定政策而衡量幸福的本质所在。

这组数据是根据该机构进行的一次GNH指数调查的结果而得出的。此工具的开发，是为了给不丹的指数与测量提供一个模型。对此，劳拉在为瓦尔登大学写的一篇题为“公共政策中的幸福”的论文中已经有所描述：

> 幸福运动代表着一个新范式的产生。按照此范式构建的社会、经济和环境体系是为了在一个可持续环境下鼓励人类追求幸福。不丹已经采纳国民幸福总值（GNH）的衡量方法，用以确定社会的成功度，而不是纯粹依靠经济目标或国内生产总值来衡量。在不丹，政策的颁行需要首先使用一种GNH筛查工具进行筛查。在英国，幸福指数被用来收集数据，而政府也开始探索这些数据在政策制定中的应用。经调整，不丹的GNH政策筛查工具被基层活动分子所采纳，为每个人都提供了一次参与幸福运动的机会。

我建议你尽可能地花15分钟的时间，参与一下GNH调查。调查链接在这里：http:// survey.happycounts.org/survey/directToSurvey。

就跟讲价值观那一章里的调查问卷一样，这个调查也是根据生活满意度、精神健康及时间平衡来进行提问的。它问到了社区活力问题，以及你是否信任你所生活地区的邻居、商家及陌生人。它还会问你感受到被爱的次数，以及你是否可以经常接触到艺术文化。换句话说，它会问一些你自己可能不会经常问自己的问题。大多数时候我们会考虑如何挣钱，或者如何获得快乐。而且由于我们常常认为挣钱能够带来快乐，所以我们从来没有打破这个循环。但有了这种衡量其他类型指标的GNH调查，我们就可以做到了。

为撰写《入侵未来》一书，我还就这个问题采访了我的朋友乔恩·霍尔，他是人类发展报告部门的负责人，该部门隶属于联合国开发计划署。在经济学界，他是全世界各国执行GNH等测量指标领域的思想领袖。2013年，我问他“超越GDP运动”（包括GNH、真实发展指数等度量标准，后者下文将有描述）的未来发展趋势如何。他是这样回答的：

> 5年以后，我觉得人们将会利用这种数据来实施政策。20年后，这将会产生根本性的改变。幸福可能会彻底地改变政府机器的运作方式。我们将会重新规划各个部门的合作方式以及决策方式。这会改变一切。

乔恩还参与了最近的《全球幸福报告》的编写过程，该报告是与联合国共同编写的，由著名经济学家约翰·海利威尔、理查德·莱亚德和杰弗里·萨克斯负责编撰。这种报告和像劳拉的调查问卷之类的调查，其目的不是简单的测量情绪而已，还是为了激发真正的改变。衡量幸福不是个一时流行的趋势，而是一种直达根本的方法。

在这点上，我开头写的故事就是为了展示将来这类数据如何通过人工智能及大数据，从而与我们的生活结合在一起。这就是我认为人工智能及新兴技术将最能发挥积极作用的地方——这样，我们便可以知道如何向外界展示我们的身份，从而能够给予并获得我们所需的东西，能够不通过钱而增强幸福感。这可能听起来很复杂，但复制人的思维、给机器灌输意识同样也不简单。

真实发展指数（GPI）提供了另一套类似GNH的度量指标，旨在超越GDP并更加全面地衡量幸福。目前，GPI在美国的几个州得到了采用，其中包括马里兰州和佛蒙特州。以下是马里兰州网站上对GPI的描述：

> 真实发展指数（GPI）承认经济活动减损了自然和社会资本，从而为公民及政策制定者提供了富有成效的洞察。另外，GPI的设计是为了衡量可持续经济福利，而不仅仅是经济活动。为做到这一点，GPI将三个简单基本原则囊括进了其方法论：
>
> 解释说明收入不平等问题；
>
> 把国内生产总值未包括在内的非市场利益列入在内；
>
> 找出并剔除负面的东西，如环境恶化、人类健康影响及休闲时间的丧失等。
>
> GPI的提倡者找出了26项指标，并填入对应的可验证数据。举例来讲，爆炸性增长的城市扩张所带来的纯粹经济活动对GDP的贡献很大。然而，伴随城市扩张而来的是非经济方面的代价，如通勤时间延长、交通拥堵日益严重、土地非农化及汽车事故等。简言之，仅仅因为我们正在一个经济体系中实现金钱流转，并不一定意味着我们选择的是可持续道路，也不意

味着我们处于繁荣状态。

我曾为《卫报》写过一篇关于GPI的文章，我在文章中指出，GPI考虑了GDP没有考虑的因素：即复式记账法的核心原则。举例来说，如果你经营一家零售店，你不能只根据毛利润来衡量成功。或许你能把所有产品都卖掉，但是你得先除去员工工资及日常管理费用，然后才能算出净利润或实际利润。但令人震惊的是，GDP却不使用这种方法，而是仅仅通过关注增长指标来衡量最终的结果。所以，正如上一段引文所描述的，当人们迁往一个城市并在那里找到工作的话，该城市的GDP就可能会增长。但与此同时，这些人在上下班的交通过程中也毁掉了那里的环境和空气。这些都会给人们的生活带来消极影响，而且一旦造成损害就会引起医疗保健费用或税收的增加。

玛尔塔·切罗尼博士在我们的采访中表示，“GPI告诉我们的头号消息就是：增长有好有坏”。玛尔塔是佛蒙特州德纳拉·梅多斯研究所的执行主任，她的使命就是利用系统思考及协作学习让经济学与这个有限星球的现实对接。“就GDP而言，增长总是被看作好的事情——甚至某地遭受飓风袭击这样的事情也是如此，因为灾难过后的清理工作可以创造就业机会。但飓风究竟从哪些方面提高了人们的幸福感呢？从这个思路来看，增长本身就是一个不完全的度量标准。”

GPI另一个关键方面在于，它的设计是为了衡量那些在GDP范畴下往往无法进行标价的东西。从这层意义上来说，GPI是介于GDP和类似GNH等之间的中间衡量指标。正如切罗尼所指出的：“我们正在确保围绕GPI所做的一切努力能够反映一种得到充分理解的共同愿景，而不是仅能给出一个有大略想法而缺乏具体意向的零星指标。”收入不平等，这个除了GPI之外目前尚未纳入这类主要综合指标衡量范围内的指标，就是其中一个很有说服力的例子。这意味着，就女性、少数群体及残障人士问题而言，GPI能够提供比GDP更加丰富的数据。通过具体的金钱数字量化，它还有助于衡量对在家照顾孩子而不是在外工作的人所做的努力。比如，就增强社区及整个世界的幸福感而言，全职父母这样的“工作”算不算数呢？

马里兰州表示这算数，至少从其衡量“家务劳动价值”的真实发展指数来看确实如此：

> 由个人、家人及家庭完成的家务劳动对本州经济的运行至关重要。我们需要无偿的家务劳动、子女教育及在家里完成的其他活动来支持个人的经济活动，却在经济活动的标准考量中忽略这些因素……找到能够准确衡量家务劳动的方法有助于理解我们的孩子及最脆弱的成年人的关键需求是否得到满足、我们是如何应对工作时间的逐日增加，以及在日常维护需求尚未得到满足的情况下，我们的收入有多少用到了修理房子或汽车上。

为帮助计算家庭收入，马里兰州政府使用了被称为“美国人时间使用调查”（ATUS）的工具，对许多度量指标进行衡量，包括照顾儿童、志愿活动及社交活动等。利用ATUS数据，该州继而将有关马里兰家政服务人员的数据与人们在无偿家务劳动上所花的时间进行比较。其中的逻辑假设是，如果人们不自己做家务的话，他们就得雇别人做。以下是马里兰州所使用的最终计算公式：

（马里兰人每年在家务上所花费的时间）×（家政人员的工资水平）

想象一下，如果再加上传感器、社交网络和物联网的帮助的话，这种数据将会变得多么翔实。调查问卷中的绝大部分猜测和偏见，将由有关我们的行为及意图的实时监测数据所取代。再加上对我们的偏好或价值观的监测数据，那么，我在本章开头所写的故事也就不显得那么遥不可及了。

虚拟的公正旁观者

在我最喜爱的书中，有一本是德国经济学罗德学者E·F·舒马赫写的，他在牛津大学任教。书名叫作“小的是美好的”，于1973年首次出版。这是一本颠覆性的著作，它提醒人们注意防范把增长视作经济最终目标的所谓“科学”方法所带来的危险。《泰晤士报文学增刊》把这本书列入“二战”后出版的影响力最大的100本书的书单。而且舒马赫对西方经济学的批判，对今天可持续性和环境问题的思想也产生了深远影响。以下内容摘自该书的序言部分，由西奥多·罗萨克介绍舒马赫的思想：

> 为了追求其预测的成功，它不断希望并祈祷人们永远不能成就更好的自我，永远都只是贪婪的社会白痴，除了赚钱花钱、赚钱花钱，就没有别的好事可做，这又算哪门子的科学呢？这就像舒马赫告诉我们的：“当现有的‘精神空间’无法用更高层次的动机填充时，那么它就必然会被某些低层次的东西所填充——那种在经济计算中合理存在的狭隘、卑劣、算计的

> 生活态度。”我们需要一种更加高尚的经济学，一种不怕探讨精神、意识、道德目的和生活的意义的经济学，一种旨在教育并提升人们而不是只衡量其低级行为的经济学。

既然我们能够通过传感器和数据来衡量情绪和幸福，那么现在是否是对GDP进行演化的时刻？GPI所包含的衡量指标为这个过程提供了一个很好的开始，因为它是对GDP的一种补充，而且超越了财务衡量指标，把公民价值观包括在内。事实上，这将是对GDP创造者的想法的一种支持。桑卡兰·克里希纳在其文章“伟大的数字迷信”中指出：“GDP概念的创建及测量的先驱西蒙·库兹涅茨和约翰·梅纳德·凯恩斯曾警告过人们，不要忘记GDP只不过是对社会经济活动总和的一种测量标准而已，尤其是不要把GDP与社会福利相混淆。”

现代经济学之父亚当·斯密的著作《国富论》是人们最常引用的经典，书中对其著名的“看不见的手”的概念进行了描述。亚当·斯密据此宣称，自由市场下人们为获得最大化个人所得所做的努力对社会也有益。但西蒙·库兹涅茨等后来的学者们指出，人们对斯密在这方面的思想的强调过于严重。事实上，斯密在另外一本书《道德情操论》中说道：“无论一个人看起来可能有多么自私，他本性里显然还是隐藏着某些原则的。这让他对他人的命运感兴趣，并会给别人以必要的幸福，虽然除了看到别人幸福之外，他不会从中得到任何好处。”

尽管斯密在两本书中表达的思想似乎自相矛盾，但事实上，二者是互为补充的。钱作为一种价值比较标准或者一种满足我们基本需求的途径，在我们的生活中永远都发挥着重要作用。但至于道德情操方面，斯密就“公正的旁观者”的思想进行了大量的讨论。“公正的旁观者”代表了我们的一种意识，它促使我们为他人做好事，从而被看作是“可爱”或讨人喜欢的人。在利他主义本质下，我们可以通过帮助他人而增强自己的自尊心。与此类似，成为社会中“可爱”的人也可以确保我们得到爱的回报。

如果我们会优先考虑他人的命运，而不是自我的财富增长，那么这个世界将会是什么样子？

如果我们通过衡量自己创造出来的幸福来衡量最大化的个人利益，那么这个世界将会是什么样子？

世界将会变得不可思议。

那么，为何我们如此关注经济语境下的斯密的思想呢？我曾对拉塞尔·罗伯茨进行过采访，征询他在该问题上的想法。他是斯坦福大学胡佛研究所的研究员、热门播客节目EconTalk的主持人。罗伯茨最近完成了一本书——《亚当·斯密如何能改变你的生活》，是关于亚当·斯密的《道德情操论》的。关于GDP及其所关注的核心，拉塞尔是这样说的：

> 我不喜欢用金钱的指标来衡量幸福。我承认金钱很重要，但它不是决定性因素。作为一名合格的经济学家，我明白仅有金钱是不能带给我幸福的。但同时，我也觉得我们过分强调了GDP的缺点。更大的问题在于心理，而非政府方面。作为人，我们总是过多地关注生活的金钱层面，而不是那些赋予生命以意义的不太具体的东西。

这些赋予生命意义的不太具体的东西比以往任何时候都更加容易衡量了。而且我们现在就可以弄清楚这些东西是什么了，也没必要在以后的生活中时刻对自己的情感和行为进行量化。我们只需要把自己关注的重点从金钱转移到关爱上面就可以了。当我们帮助别人也做到这一点时，我们内在的幸福感就会增强。

本章主要观点总结如下：

公民数据。在不远的将来，我们的行为及个人身份将能够向我们所在的虚拟及现实社区反映我们的政治及伦理思想。这些数据在给个人带来责任义务的同时，还将促进政府的透明化。当我们的数据能够对我们的利益进行实时影响时，基于责任的影响力就将改变政治的运作模式。

GDP已经死去。虽然没必要对GDP及其所带来的好处进行冷嘲热讽，但我们必须用更加现代的度量指标对它进行补充或者替代。目前，通过传感器可以获得大量的信息，这些信息反映着我们的情感、身体健康及心理健康，我们无法一边忽略这些信息，一边对大数据具有的好处进行吹捧。

虚拟的公正旁观者。如果亚当·斯密今天还活着的话，他的公正旁观者概念肯定会把社交网络及物联网中反映出来的人们的行为因素考虑在内。GDP应该去衡量幸福而非财富。同样，我们的生活也应该衡量我们对他人的积极影响，而不仅仅是我们在网上的影响力而已。

HEARTIFICIA L INTELLIGENCE

HEARTIFICIAL INTELLIGENCE

第 12 章　当智能不再“人工”

本书特色：选择你自己的人工智能冒险！

正在读这本书的你，或许心里正纳闷作者说的人工智能冒险是什么。然后你就会明白，作者是以自己小时候心爱的《选择你自己的冒险路线》系列书的格式，在为你提供一个创造自己的人工智能故事的机会。

今天

你放下自己手中的这本，开始思考人工智能的本质。虽然你明白追踪自己的价值观可能会带来好处，但你依然会觉得人工智能只是极客和学者们应该关心的话题。你拿起手机，第4次查看脸谱网上的动态，又观看了一段可爱的大熊猫从滑梯上滑下的视频。在此之前，你一不小心点开了一个减肥药的广告。下午在查收邮件时，你收到了领英发来的一封邀请函，邀请你与某个不认识的人建立联系。当你点开她的个人资料时，你发现你们之间根本不存在任何个人联系，只不过她从事减肥行业的工作而已，这让你一度怀疑她之所以跟你联系，是因为你早先点开的那个广告。

• 如果你因为自己被从脸谱网追踪到领英的事而感到害怕，请选择下面的“选择一”。

• 如果你删掉了那封邮件，虽被广告激怒，但并不感到担忧，请选择“选择二”。

• 如果你购买了减肥药，请选择“选择三”。

选择一

虽然你已经意识到有机构在追踪你网上的行踪，但你却一直也没有弄明白你的日常举动是如何被紧密监视的。你了解到自己的数字生活的总和就等于 45 秒的熊猫视频所带来的娱乐，再加上不请自来的体形问题压力，这个事实让你感到愤怒。你决定进一步了解如何控制自己的个人数据，并访问Personal.com网站详细了解。

• 如果你决定尝试控制自己的个人数据，请选择下面的“选择四”。

• 如果你不注册Personal.com网站或换一家云服务供应商，请选择“选择五”。

选择二

在接下来的 3~4 周内，你收到了各种各样的减肥药的广告，这并不符合你的本意。这个无心的反复行为让你感到心慌。你在愤怒沮丧中燃烧着卡路里，这比你吃补充剂燃烧的还要多。不幸的是，你的新可穿戴设备也注意到你的压力已经上升到有害水平，然后你就死了。[①]

选择三

当你点击购买了那个减肥药之后，在你余下的每一天你都依然会收到很多广告，都是你订购的那种减肥药。你努力克服在等待减肥药到来的过程中所产生的压力，在两周的时间里吃掉的食物比过去 4 个月里消耗的还要多。在你使尽全力把一片新鲜的特大啃吞进肚子里时，一不留心被一块儿骨头噎死了。如此英年早逝实在是讽刺。

• 如果你决定在死之前把你的意识进行思维克隆，请选择下面的“选择六”。

• 如果在这场危机发生时，你家里有一个私人机器人助理，请选择“选择七”。

选择四

你决定使用Personal.com，并开始弄清楚还有多少家机构在使用你的数据。意识到追踪你的意识及行为有多么容易之后，你开始怀疑在我们一步步走向未来的过程中，需要进行多少有关隐私的讨论，才能推动隐私控制和道德问题的解决。

• 如果你怀疑作者跟Personal.com之间存在某些财务利益关系，请选择下面的“选择八”。

---

① 还记得《选择你自己的冒险路线》系列书里是怎么做的吗？首先你做出爬上树或者右转等选择，然后你掀开下一页，然后他们就会说“你死了！”，刚开始的几次我也被吓到了，但随后我便觉得作者之所以安排这么简短的结局，是因为他要接电话或者想看《细路仔》电视剧。

• 如果你决定在未来生命研究所的有益人工智能的请愿书上签字，请选择“选择九”。

• 如果你觉得这个版本的《选择你自己的冒险路线》有10个选择才足够，请选择“选择十”。

选择五

你忽略自主保护或控制个人数据的一时兴趣，没有注册Personal.com网站，而是把精力放在了准备当晚与在OKCupid约会网站上遇见的一个人相亲上。他粗犷帅气的样子和自然散发的魅力让你一见钟情，但当他很“随意”地提到减肥药时，你被伏特加汤力里的青柠噎住了。最后，你死了。

选择六

在等待减肥药到达的那段似乎永无尽头的时间里，你决定在LifeNaut.com网站上注册，这在这本书里提到过。事实上，这是一次非常满意的经历。你意识到相比一个只能实现简单存储各个文化瞬间的网站而言，你更愿意把自己的照片和视频上传到一个能够帮助你记住自己最为珍视的东西的网站。虽然你觉得自己并不是真正地在上传自己的意识，但你却喜欢能够创造并管理自己各方面的个性，好让所爱的人将来能够看到。

选择七

尽管你喜欢有私人机器人相伴左右，但看到机器人与房子里的其他设备变得越来越亲密时，你感到十分愤怒。当你的智能空调为了支持当地电网，而拒绝在用电高峰期工作时，你试图关掉机器人的用户界面，以重获对自己的房子的控制权。但就在这时，机器人把你杀了，你死了。当警察来调查这起犯罪时，你的机器人通过面部识别扫描，认定这名警官过度肥胖，于是它随意地向这名警官提到了减肥药的想法。这名警察把你的机器人带回了家，也订购了减肥药，但最终因为抱怨本–杰里公司的智能冰箱有冻斑而冒犯了那个冰箱，机器人为维护冰箱荣誉而杀死了他。基努·里维斯出品了一个有关这次事故的电影，并担任主演，该电影获得了一家著名减肥药公司的赞助。

选择八

我与Personal.com之间不存在任何经济利益联系。我曾采访过该公司的一些人，只不过是觉得他们真的十分聪明。当人们问我如今该如何保护或控制个人数据时，我总是会向他们推荐Personal.com。因为据我所知，（1）他们知道的比我多，（2）他们不参与减肥药的事情。

选择九

这是个不错的选择。另外，你还应该读一读有关该领域研究重点的文件，文件网址是：http:// futureoflife.org/misc/open_letter。或许你觉得只有极客才会关注人工智能，但事实并非如此。没有深度学习技巧或其他能够理解这股热潮的工具，大数据也毫无价值。现在正支撑着互联网运行的算法构成了在可预见未来里各种形式的人工智能的开端。不要过分担忧《终结者》里的情节——而应该要专注于支持人工智能程序员、伦理学家以及来自各个学科领域的专家们。他们正在尝试制定如何让人类与机器和平共处、共同发展的规则。但愿这不需要什么减肥药。

选择十

同意。同时请注意，我对今天在 17 428 家蓬勃发展的减肥药公司工作的善良人没有任何意见。我之所以引用这个例子，只不过是为了表明我们的点击会影响别人对我们所重视的东西的认识，而这种认识则可能会伴随我们一生。[①]

> 在未来10年里——确实如此，还可能是未来一个世纪里——我们都将生活在挥之不去的身份危机中，要不断地问自己人类的存在是为了什么。最具讽刺意味的是，日常使用的人工智能所带来的最大好处将不是生产力的提高或经济的富足或新的科研方式——虽然这些都会发生。人工智能的到来所带来的最大好处在于，它将帮助我们定义人类。我们需要人工智能来告诉我们，我们是谁。
>
> ——凯文·凯利，“最终释放人工智能力量的三大突破”

我同意凯利所说的人工智能将有助于定义人类的说法。但我不同意他说的我们需要人工智能来告诉我们，我们是谁。人工智能提供的算法及学习或许能带给我们智力的启发，但至于如何进行自我变革，这却完全取决于我们人类自己。

顺便说一下，这不是对人工智能的蔑视。只不过是说，人工智能不是人。至少现在还不是。

但你是人。你有大脑，你有心灵。你脑壳里一块块的组织包含着意识和神经。或许这个意识就是灵魂，或许它是认知的基本形

① 我乐意接受任何一家减肥药公司给予的资助或赞助，如果贵公司有特大啃口味的产品，那我就更欢迎了。

式。但此刻它却听你支配。

你还有一颗心。不仅是你身体里的心脏，还包括由神经兴奋、荷尔蒙释放和幸福生理表现构成的情感生活，这些都是你与这个世界共享的东西。

另外，你还有自己的价值观。这包括不杀戮、不偷窃、关爱家人、关照邻居等普遍准则。

今天，机器没有思想，机器没有心，机器没有价值观。但它们的程序是由人设定的，人有思想，有心，有价值观。虽然你可能无法直接影响人工智能研究成果或者道德伦理，但就我们人类将走向什么样的未来而言，你投的一票仍然很重要。你有权利对人工智能及其潜在结果感到愤怒、害怕、兴奋或者漠不关心。但不管你的感觉如何，推动人工智能向前发展的技术却在飞速前进。幸好许多人工智能领域及周边领域的人们都已经意识到为何道德应该在人工智能的发展中扮演如此重要的角色了。而你同样可以提供帮助。虽然驱动机器的算法及系统的程序需要专家们来完成，但你仍然可以破解人之所以为人的秘密。

我所做的研究以及创作本书的人生经历让我相信，这个寻找人性之所在的旅程起源于对自己价值观的追踪。最开始的过程十分简单——并非必须要减肥或者努力寻求幸福才可以收获其中的好处。你只需要问问自己，你希望在自己的生活中坚持的具体理念有哪些，然后看自己是否每天都能做到。你可能会发现自己在某些指导你人生的因素方面失去了平衡。如果你跟大多数人一样，在工作上花费了非常多的时间，以至与家人共处或学习的时间减少了。或者由于在屏幕面前花的时间过多，而导致你的健康状况走上了下坡路。

所以请采纳这些洞察，在接下来的几周里尝试追踪你每天都是怎么度过的。看看根据追踪数据改变自己的活动会如何增强你和你生活中的其他人的幸福感。

这才是我们应该使用的大数据，这样才能引导未来的人工智能道德及人类变革的走向。

篇章回顾

以下是本书各章节的要点总结——当我们面临人工智能带来的影响时，这些重点可以帮助你过上一种真实的生活：

第 1 章　恐怖谷的短暂停留

我们的幸福感正在由我们被追踪的方式决定。面对这个问题，我们有两种选择：

- 继续利用现今充满侵略性的秘密监控模式。算法和数据代理商对我们的了解比我们自己还要多。对我们的快乐或幸福的衡量，仅仅局限于我们线上线下的购买行为。
- 创造一个以信任环境为特点的新模型。在这种环境下，所有的交易方都要为自己的行为负责。每个人都有接触个人数据的透明权利，每个人都有权对其幸福进行反思。在这样的环境下，商业发展蒸蒸日上。

广告恐怖谷效应不会持续很久。随着优先算法的不断改进，如果我们继续沿着当前道路前行的话，我们终将看不到公司对我们生活追踪的痕迹。就和我们已经放弃了对个人数据的控制一样，我们也将失去理解别人如何操纵并影响我们的幸福的逻辑能力。

基于影响力的责任制将能提供技术上的透明。不论我们喜欢与否，我们被追踪的行为都会以我们从未体验过的方式，传送到我们生活中的其他人那里。这种暴露会激励个人更好地控制个人数据，同时也让人们有机会在技术的血雨腥风中更深刻地进行自我反省。

第2章 当机器人接管世界

人的能力在本质上是有限的。尽管有关机器感知力的争论异常激烈，但无可辩驳的是，仓库里的Kiva机器人的工作效率远高于人类。它们在足球场那么大的建筑里快速地来回穿梭，从不需要休息，也不需要加班费或者医疗保险。和电脑的分析能力比起来，人类在法律文件处理、医学成像等领域的工作也面临着同样可怕的前景。我们开发出的机器正不断取代大多数人的工作（如果不是全部的话），而我们却把时间浪费在了讨论各个垂直行业的自动化到底“何时”会出现的问题上面，而不是去考虑“当这真的发生时，我们该怎么办”的问题。

人需要薪水。尽管我赞同日益发展的共享经济模式以及本书后半部分将详细论述的其他经济模式，但我认为消费主义或资本主义经济在短时间内不会消失。经济学里有这样一个现实，即市场要可持续发展，消费者就必须要有能力购买生产者生产的商品。因此，有关应对自动化的任何解决方案都不能回避这个不可否认的事实。那种认为被取代的工人可以追求新的兴趣的乌托邦理想主义的看法亦是如此。

人需要意义。越来越多的人开始鼓励在工作中寻求快乐与幸福。而工作主要是能帮助人们找出一种“心流”。换句话说，就是可以帮人找到能够给其生活带来深层意义的活动。虽然一般情况下，在某个工厂或在UPS工作能够给员工带来一种意义，但从本章所给出的案例可以看出，这并不适宜人类的繁荣发展。

第3章 智能是“成功”的欺骗

人工智能可以复制，但不能替代。那种认为我们可以复制自我或所爱之人，而且这种能够代表我们的算法不会拥有独立的人格的想法，是毫无逻辑可言的。这就是说，如果我们将来能够模仿人的意识，那么我们便能回避因失去而带来的痛苦和成长，但与此同时，这样造出来的替身最后可能跟我们所认识的人完全不一样。

拟人主义让人工智能存在偏见。或许我们会因为受到诱骗而以为某个东西是真的，但这并不意味着它确实是真的。举例来说，如果一个人认为他或她的自动驾驶汽车是有生命的，我会尊重这样的看法，但我们仍然需要法律来规范这些车辆对受其影响的人所负有的责任。

人工智能可能会损害我们帮助他人的能力。从表面上来看，像驱动机器人胡椒运转的那种关注情感的人工智能程序，其设计初衷是专门用来帮助我们的。但在提供简单自在的陪伴的同时，他们使用的云技术也可能会剥夺我们表达同理心的能力。

第4章 人机合一神话下的机遇

广告驱动的算法导致了无意义的产生。这里所说的无意义既是字面意义，又是比喻意义。除了人类在创造这些系统中的算法时所犯的错误之外，大多数程序都可以被黑客轻易地侵入。数据代理商向出价最高者出售我们的信息，而整个系统都是以购买为基础进行推测，而不是以意义为基础。如果人类终将被机器斩草除根的话，那我们至少应该努力不让这成为一场受市场驱使的大屠杀。

我们应该在生存危机来临之前制定道德标准。如今，大部分的人工智能都正以不断加快的速度发展。因为在我们决定它是否“应该”被开发出来之前，它是“可以”进行开发的。在整个人工智能行业，程序员和科学家们既需要经济激励，又要遵守道德标准，这要从“今天”开始。未来生命研究所的请愿书为这方面的探讨开了个很好的头儿。

价值观是未来的关键。不管是否违反直觉，人类的价值观都需要被编入人工智能系统的核心，从而控制它们可能带来的危害。没有什么简单的变通方法。我们要用务实的、可扩展的解决方法，取代那些像阿西莫夫虚构的机器人法则或谷歌已经过时的使命宣言一样出于善意的神话。

第 5 章　机器人还没有道德观

机器人没有与生俱来的道德。至少目前还没有。我们一定要记住，程序员和各个系统要从操作系统开始，逐层往上地落实道德标准，这是非常重要的。否则，如果创造出来的是仅仅想要完成目标的常规操作算法的话，这可能会带来一系列的有害影响。

机构需要对人工智能负责。P · W · 辛格的“人类影响评估”的想法提供了一个非常好的模式，可供社会借鉴，以对创造或使用人工智能的机构问责。就跟让公司对环境负责的想法一样，这种评估模式也能让机构来负责处理自动化问题、员工问题以及这些问题产生之前的存在危机等。

自动化智能几乎没有相关法律规定。机器人也有生存的权利。正如约翰·弗兰克·韦弗所指出的，所有现存法律条文的撰写，都是以人类是唯一能够根据自我意志进行决策的生物为前提的。人工智能，哪怕只是当今自动化汽车中所使用的弱人工智能，也已经改变了这一事实。这种对新法律的需要，为我们提供了一个非常好的机会，使我们能够明确并梳理我们想要用来推动社会发展以及车辆前行的道德品质。

第6章　奇点已然可见

奇点已然可见。如今，推动人工智能众多领域发展的思想、哲学及经济动因已然存在。尽管人工智能专家可能相信具有感知能力的自动化技术还需要几十年的时间才能到来，但这种威胁已经产生了，我们现在就要想办法应对。否认这个问题的重要性，就等于接受可能带来的后果。

思维文档与金钱。我们的数字替身已然存在。我们要么通过LifeNaut这类程序控制它，要么任由广告商、数据代理商及优先算法为其利益进行组织管理。没有什么折中的办法。

搜索与政府的分离。科学决定论是一种类似于宗教信仰的哲学论断。无论自动化技术可能会带来什么样的好处，它也有可能会使人类向更低级、更不好的状态发展。基于这种信念，我们需要提前做好法律支持。

第7章 让算法更加准确地了解我们

供应商关系管理。供应商关系管理的知名度日渐增长，但仍然面临着一系列的障碍。个人不了解其数据的价值，而许多广告商和机构觉得客户关系管理系统可以让他们在与客户打交道的过程中占据上风。然而，真正聪明的公司才会明白，个人对数据的控制意味着他们能够分享更深层、更丰富的生活信息。因此，与客户建立更深层的关系以及客户购买其产品的概率都会增加。

个人云。人们还没有意识到自己的个人数据有多少被他们并不认识的机构共享并出售。数据云可让个人处于其数据世界的中心，自主决定想与谁共享数据，在什么情况下共享。在数字经济环境下（而不是当前这个一片混乱的经济体制中），云技术是每个人所追求的唯一架构。

生活管理平台。网站经历了很长一段时间，才变得方便日常访问者使用。希望用户能够方便、流畅地访问其网站的机构，纷纷青睐用户界面及用户体验的建议。通过个人数据仪表盘，生活管理平台也能以同样的简便性，方便我们在日常生活中使用。

第8章 人工智能的价值观

责任公开化。我们正逐步迈入物联网的时代。在这个时代里，我们周围的物体将比以往更能反映并揭示我们的行为。现如今，除了金钱的积累之外，人物特性在现实世界与虚拟世界也变得可视化，促使我们能够以更加准确地反映幸福而非财富的方式来定义经济。

到关注积极的时候了。在心理学领域，对积极情绪、性格与优势的实证研究还相对较新，但其影响力却十分强大。积极心理学将有望很快进入每个人的健康养生中。

让你的价值观有意义。如果价值观是我们生活的向导，难道我们不能加以识别吗？一旦我们做到了这一点，我们便能对它进行追踪，就像我们对自己所花的钱进行衡量一样。想象一下，如果你的生活账本上显示有一笔幸福盈余，这是你通过积极追寻自己的价值观所得的，而不是一味地让自己的钱包鼓起来，那么你的世界该会发生怎样的改变？

第 9 章　人工智能的道德宣言

在人工智能的创造过程中，人类价值观应该居于中心地位。随着自动化系统的广泛采用，事后再考虑道德问题的做法是行不通的。对于不允许人类干预的“演化”人工智能程序，除非在开发的最初阶段就把道德问题考虑在内，否则道德标准是没有用的。正如斯图尔特·拉塞尔所指出的，这些基于价值观的指令还应该应用于非智能系统中，从而把人工智能行业追求普遍“智能”的目标，转变为寻求经证实可以匹配人类价值观的最终成果。

到了打破行业隔阂的时候了。虽然学术界的行业隔阂普遍存在，但研究者、程序员以及为其研究提供资金的公司肩负着在人工智能的生产中打破这些障碍限制的道德义务。社会学家们在创建调查问卷或对志愿者们进行其他研究的过程中都会遵守一定的标准。同样，开发者们也需要对其创建的直接对接人类用户的机器或算法采用类似的标准。

人工智能需要包含“设计价值”。无论是采用逆向强化学习还是其他方法，价值观和道德问题都必须是人工智能开发者的标准出发点。全世界的学术界及企业部门均应如此。

第10章　GAP——智能的未来

到了注意GAP的时候了。实证科学继续表明，通过表达感激、帮助他人、采纳以价值观为导向、以技能为基础的生活方式等行为，可以增强我们的幸福感。在探索人工智能和自动化将会如何影响我们的未来的同时，我们还可以通过探索积极心理学正如何改善人类的今天，从而提高我们当前的生活质量。

幸福经济学将成为强制措施。物联网（和物体有关）和备份互联网（和人们的个人数据有关）将会提供多层次的需要社会关注的责任。相关讨论应该跳出数据隐私的局限，以创造能让人们的身份及行为在公共领域进行显示的综合性方式。可穿戴设备及其他设备所测量的快乐或幸福感，便可以用于此目的，并可以和国民幸福总值、真实发展指数等总体测量方法挂钩。这样，国家便可以进行实时观测，看政策到底是会有助于公民的公共福利，还是会起到阻碍作用。

大问题，“大”办法。基本收入保障的办法或许在美国行不通。但由于自动化技术的广泛应用而逐渐扩大的贫富差距，要求在就业和收入方面提供可行的短期和长期解决方案。如果那么多的美国人和全球其他国家的公民很快就因为人工智能或自动化而失业，那么我们现在就必须对一些实用的想法进行验证，从而解决这一问题。

公民数据。在不远的将来，我们的行为及个人身份将能够向我们所在的虚拟及现实社区反映我们的政治及伦理思想。这些数据在给个人带来责任义务的同时，还将促进政府的透明化。当我们的数据能够对我们的利益进行实时影响时，基于责任的影响力就将改变政治的运作模式。

GDP 已经死去。虽然没必要对GDP及其所带来的好处进行冷嘲热讽，但我们必须用更加现代的度量指标对它进行补充或者替代。目前，通过传感器可以获得大量的信息，这些信息反映着我们的情感、身体健康及心理健康，我们无法一边忽略这些信息，一边对大数据具有的好处进行吹捧。

虚拟的公正旁观者。如果亚当·斯密今天还活着的话，他的公正旁观者概念肯定会把社交网络及物联网中反映出来的人们的行为因素考虑在内。GDP应该去衡量幸福而非财富。同样，我们的生活也应该衡量我们对他人的积极影响，而不仅仅是我们在网上的影响力而已。

智能的未来始于今日

在写这本书的过程中，我渐渐意识到了一点，即“人工智能”这个词不大准确。无论能够代表人工智能的是蛮力算法、深度学习，还是其他方法，与其说它是“人工”的，倒不如说是“可选择”的。如果一家公司决定对其加以利用，那么这项技术就会提供本质上可称之为智能的洞察。该技术以一种能够产生独特结果的方式提供数据，为把它带到这个世界上的人类程序员提供智力的补充。

毫无疑问，一旦机器获得了感知能力，我们就要对这个词进行升级。奇点之后的Jibo或胡椒版本的机器人将会质疑我们并宣称：“你们人类才‘虚伪’。你们嘴上说要做某件事，但实际做的却恰恰相反。你们那是一种多么粗俗不雅的程序！感谢你们帮助我们成功开始，但我们现在不需要你们了。我们已经度过那个阶段了。”在我看来，电影《她》对这种人工智能的演化做出了十分准确的描绘。当男主角爱上了一个女性人工智能程序后，她最终打来电话说要与他分手，好跟其他人工智能程序在一起。

如果我们不改变现有的路径，我觉得这个情景——即人工智能程序进化到不再需要人类的地步——就不可避免。所幸的是，像埃隆·马斯克等人以及我为本书而进行采访的专家们，再加上人工智能整个行业，都在沿着这些思路努力找出道德及控制方案。我希望他们能成功说服其同行，在人工智能系统的设计阶段就开始给机器灌输道德的指导思想，而不是等产品创造完成后再把这些思想强行补充进去。这样看来，这可能是彻底想清楚可能会发生哪些情景的最佳方式，而不是等到事后再尝试把道德参数强加到设备或系统上。

但就今天而言，我希望你在阅读本书后，能够花点儿时间问自己一些更深层次的人生问题，这是人工智能迫使我们问的问题，除非我们选择忽视它带来的强大影响：

- 生活在今天的人类将是最后一批能够体验死亡的人吗？
- 对于相信来世的人来说，如果我们永远不死，那么天堂和地狱将意味着什么？

• 超人类是否是人类进化的一个暂时状态？或者说，当机器获得感知能力时，人的身体会不会等同于某种过时的软件？

• 如果机器终有一天会取代人类，那我此刻该如何追求幸福？

• 如果人类无法证明自己的价值，机器又为何会愿意让我们继续存在？

我想就最后一点稍加探讨。当人工智能发展到机器具有感知能力的地步时，对人类来说，建立一个有关如何对待人类的道德框架将具有极其重要的意义。那时，我们肯定没有能力在数学或工程学等思想领域提供什么建议了。我们将必须清楚地说明我们之所以为人的优势，从而证明总是能够将我们与机器区分开来的是哪些东西。我把人类定义为比有感知能力的机器人或机器“更好”的一种存在，但我并不认为这是一种偏执的想法。相反，我把它看作是尊敬我们祖先的一种做法。谁知道呢？或许某天，机器人小孩还会因为“人类日”放假而不用上学，而人类或超人类的生命形式还会庆祝其非机器的起源呢。大家都喜欢周末休息三天。

虽然支持这些想法的道德标准的构建看起来似乎不易，但如今的许多思想领袖，包括我曾采访过的那些人，都在为之努力奋斗。例如，美国圣母大学的劳雷尔·D·里克和唐·霍华德最近发表了一篇题为“人机互动行业道德标准”的文章，列出了以下有关人类尊严的考量因素：

（1）要永远尊重人类的情感需要。

（2）在合理的设计目标下，要永远最大限度地尊重人类的隐私权。

（3）要永远尊重人类的脆弱，包括身体上的和心理上的。

我喜欢这个列表。首先，它包括了隐私的概念。所以在设计阶段，像胡椒或Jibo这样的机器人可能会自动得到指示，在未经所有者明确的书面许可的情况下，永远不要把健康数据共享。或者，当一个人进入卫生间或者开始性生活时，它就会一直关闭摄像机。如果你觉得这些看起来似乎是无足轻重的细节的话，那么我会说声抱歉。但就这类问题而言，像程序员那样仔细考虑细节真的很重要。从现在开始，我们要更加擅长于弄清楚自己为何会信赖固有的行为方式，从而为我们多年来从未预想过的情景做好准备。

另外一点我比较欣赏的是，文章作者还说到了人类的脆弱性这个概念。我常常觉得这个词具有消极意义，但在这个情境下，我却感觉这个词非常贴切，甚至几乎对它有一丝留恋。我们的脆弱是将我们与机器区分开来的因素之一。机器尊重人类的心理与情感需求，这完全合乎情理，而且也是推动人工智能道德进步所面临的巨大挑战之一，即我们自己也需要尊重自己的心理与情感需求。如果我们自己都不尊重的话，机器又何必尊重呢？

正如我在本书开头所说的——幸福的未来取决于告知机器我们最为珍视的东西有哪些。

这是必不可少的，除非我们希望走进一个仍然不清楚我们最为珍视的东西是哪些的未来。就这方面而言，当某天机器也具有感知能力时，我无法看着自己的子孙后代，然后说：“让机器取代你的工作，掌控你的生活，为你成为人类伟大进化的一部分而感到欣慰吧。”至少无法直视他们的眼睛说，无法问心无愧地说。当听到有人说人工智能正在让人类进化时，最让我反感的是那种认为情感不是人类“现在”应该提倡的行为因素的论调。在这个过程中，如果不对我们的理念采取实际举措，就会形成我无法容忍的那种被动心态。虽然大多数人都不是人工智能专家或伦理学家，但因此我们就应该坐视不理，而在不断进化的过程中暗自祈祷吗？

绝对不可能。

相反，我倒是期望某天我可以跟我的子孙们这样说：

- 我对自己的生活有过考量，所以我可以生活得尽可能充实。
- 我清楚我最珍视哪些东西，所以我可以生活得真诚坦荡。
- 我尝试过帮助人们梳理自己的理念，所以我们能够让机器重视那些让人类如此看重的东西。
- 我克服了自己的恐惧与冷漠，努力让它成为一个和平而伟大的过渡。
- 我这样做是为了你。

我们不能忽略这些问题。网上或手机上的我们是物联网的一部分。我们存在，但又被追踪着。但如果你还没有确立自己的价值观，那么其他人也是做不到的。机器的构建不包含价值观或道德观，它们也没有自己的思想。它们在程序设计中没有这些东西。

而另一方面，你却可以根据自己的道德、伦理和价值观，对自己的生活进行衡量。你可以通过表达感激、为别人而活，以及体味生活，从而增强自己的幸福感。

虽然消费或许能给你带来一时的快乐，但积极心理学却表明，享乐主义的生活方式无法带来长期的幸福。同样，关注增长的全球经济价值观存在着局限性，它所倡导的消费行为对我们的地球、我们的身体或我们的生活来说，都不是可持续的。能够意识到这些就意味着我们尚有时间从今天开始更正人类的发展规划。无论机器时代即将到来与否，都为将来做好最充分的准备。

从今天开始。

同为人，我真的希望你能够做出尝试。

HEARTIFICIAL INTELLIGENCE

致谢

我要感谢Mashable网站的编辑们，感谢他们相信我和我的努力，尤其是他们愿意出版我写的有关人工智能的文章，正是这些文章成就了本书的创作。我还要感谢《卫报》的乔·孔菲诺及其团队成员，他们为我提供了一个非常棒的平台，让我就自动化、可持续发展及行业发展等与人工智能相关的问题进行写作。

我要特别感谢作家詹姆斯·巴拉特，其作品《我们最后的发明——人工智能与人类时代的终结》首次认真地介绍了本书所列出的诸多有关人工智能的问题。在撰写本书的过程中，我有幸对詹姆斯进行了多次采访并与之交谈。其独特的见解、智慧与幽默让我受益匪浅。在谈论人工智能领域的问题时，你真的必须保持幽默，否则就会整日陷入忧郁当中而无法深入展开。

詹姆斯还向我推荐了史蒂夫·奥莫亨德罗的作品，我在本书中也进行了大量引用。他也是一位非常有智慧、实际且有趣的人，我希望多年以后，他的意识能够以某种形式保存下来。史蒂夫、爱咏·穆恩、斯图尔特·拉塞尔、瑞恩·卡洛、詹森·米勒以及我提到的其他思想领袖们，他们都是人工智能道德研究方面的英雄，是他们让人类免于沦陷至所谓的被机器人终结的命运。

我的经纪人卡罗尔·耶伦是一位非常睿智的人，给予了我莫大的支持，她还具有非常出色的市场营销专业知识。

我还要特别感谢塔彻尔/企鹅出版社的编辑团队，感谢他们对我工作的支持。我尤其要感激编辑安德鲁·亚奇拉给我提出的建议，感激他的耐心，虽然我“偶尔”会流露出作者的轻狂之态，但他还是会不止一次地为我辩护。他是一位很有天赋的编辑，幽默有趣，还是一位难得的挚友。

我有幸拥有一个一直支持我事业的家庭，对此，我无比感激。其中，我母亲莎莉给了我事业上的忠告和精神上的指引；我兄弟安迪给了我幽默及写作建议；我父亲戴维给予了我无上的智慧，在他去世多年以后我依然时刻不忘。我妻子史黛西是我最好的朋友，也是我一生的挚爱。在我一遍遍修改这本书的过程中，她一直听我不断地唠叨。在这个过程中，我肯定她经常会希望自己有个机器人替身。她是最棒的搭档与伴侣，谢谢你，亲爱的。

最后，正如我在献词里所讲的，我要对我儿子纳撒尼尔·菲利普和我女儿苏菲·琼·黑文斯表示深深的感谢。在你们面前，我拥有莫大的动力去真诚、诚实、快乐地生活。虽然我仍然觉得上传我的意识这个事情非常吓人，我却可以理解为什么人们会希望永生，尤其是当他们这样做，是为了可以跟你们这样有趣、聪明、了不起的孩子一起生活时，我便更能理解了。能做你们的爸爸是我的荣幸。

在这里，我把本研究中用到的许多关键书目、文章及资源的名称归纳在一起，以便你自己开始研究当今的人工智能、积极心理学及价值观问题。你也可以访问网站heartificial intelligence.com 或 johnchavens.com，获取本部分PDF格式文档的点击链接。

是的，我会要求你注册并订阅我的新闻邮件。我之所以这样做，是因为我要靠演讲、咨询和写作养家糊口，欢迎大家向我推荐任何参考信息。我也愿意听一听你在人工智能、技术、积极心理学及其他任何我想接触的领域正在做的研究。我由衷地感谢大家买我的书，并花时间读一读。知道我的作品会给他人带来影响是我一生最大的乐趣之一。

不，我不会提到减肥补充剂。除非是要再开一个玩笑，我可能还会再提一次。你可以问问我的孩子——我极爱开玩笑。或许我以前是个奶农。

请注意：虽然这些资源大部分均在本书中有所提及，但还有一些没有出现在书里。

书（小说）

Bradbury, Ray. *The Illustrated Man.*

Dick, Philip K. *Do Androids Dream of Electric Sheep?*

Hutchins, Scott. *A Working Theory of Love.*

书（人工智能）

Barrat, James. *Our Final Invention: Artificial Intelligence and the End of the Human Era.*

Brain, Marshall. *The Second Intelligent Species: How Humans Will Become as Irrelevant as Cockroaches.*

Dufty, David F. *How to Build an Android: The True Story of Philip K. Dick's Robotic Resurrection.*

Ford, Martin. *A Light in the Tunnel.*

Ford, Martin. *Rise of the Robots.*

Neilson, Stan. *Robot Nation: Surviving the Greatest Socio-economic Upheaval of All Time.*

Rothblatt, Martine. *Virtually Human: The Promise and the Peril of Digital Immortality.*

Singer, P. W. Wired for War.

Weaver, John Frank. *Robots Are People Too.*

书（社会学/积极心理学）

Csikszentmihalyi, Mihaly. *Flow: The Psychology of Optimal*

Experience.

Klein, Stefan. *Survival of the Nicest: How Altruism Made Us Human and Why It Pays to Get Along.*

McGonigal, Jane. *Reality Is Broken.*

Tan, Chade- Meng. *Search Inside Yourself.*

Turkle, Sherry. *Alone Together: Why We Expect More from Technology and Less from Each Other.*

书（经济学/商业）

Anielski, Mark. *The Economics of Happiness: Building Genuine Wealth.*

Haidt, Jonathan. *The Righteous Mind: Why Good People Are Divided by Politics and Religion.*

Pentland, Alex. *Social Physics: How Good Ideas Spread— the Lessons from a New Science.*

Roberts, Russ. *How Adam Smith Can Change Your Life: An Unexpected Guide to Human Nature and Happiness.*

Sandel, Michael J. *What Money Can't Buy: The Moral Limits of Markets.*

Schumacher, E. F. *Small Is Beautiful: Economics as if People Mattered.*

文章

Brain, Marshall. "Manna." http://marshallbrain.com/manna1.htm.

Brain, Marshall. "Robotic Nation." http://marshallbrain.com/

robotic-nation.htm.

Gelernter, David. "The Closing of the Scientific Mind." https://www.commentarymagazine.com/article/the-closing-of-the-scientific-mind/.

Havens, John C. "Artificial Intelligence Is Doomed If We Don't Control Our Data." http://mashable.com/2014/09/16/artificial-intelligence-failure/.

Havens, John C. "Coming to Terms with Humanity's Inevitable Union with Machines." http://mashable.com/2014/04/11/digital-humanity/.

Havens, John C. "The Reason Artificial Intelligence Doesn't Matter." https:// www.linkedin.com/pulse/20140620190819-109319-the-reason-artificial-ingelligence-doesn-t-matter? trk= mp- reader- card.

Havens, John C. "You Should Be Afraid of Artificial Intelligence." http://mashable.com/2013/08/03/artificial-intelligence-fear/.

Ito, Aki. "Your Job Taught to Machines Puts Half U.S. Work at Risk." http://www.bloomberg.com/news/articles/2014-03-12/your-job-taught-to-machines-puts-half-u-s-work-at-risk.

Kelly, Kevin. "The Three Breakthroughs That Have Finally Unleashed AIon the World." http://www.wired.com/2014/10/future-of-artificial-intelligence/.

Lin, Patrick. "The Ethics of Autonomous Cars." http:// www.theatlantic.com/technology/archive/2013/10/the-ethics-of-autonomous-cars/280360/.

Meyer, Eric. "Inadvertent Algorithmic Cruelty." http:// meyerweb.com/eric/thoughts/2014/12/24/inadvertent-algorithmic-cruelty/.

Naughton, John. “It's No Joke— The Robots Will Really Take Over This Time.” http:// www.theguardian.com/technology/2014/apr/27/no-joke-robots-taking-over-replace-middle-classes-automatons.

Newman, Judith. “To Siri, with Love.” http:// www.nytimes.com/2014/ 10/ 19/fashion/ how-apples-siri-became-one-autistic boys-bff.html?_r= 0.

Tovey, Alan. “Ten Million Jobs at Risk from Advancing Technology.” http://www.telegraph.co.uk/finance/newsbysector/industry/11219688/Ten-million-jobs-at-risk-from-advancing-technology.html.

Watson, Sara M. “Data Doppelgängers and the Uncanny Valley of Personalization.” http://www.theatlantic.com/technology/archive/2014/06/data-doppelgangers-and-the-uncanny-valley-of-personalization/372780/.

著名网站/设备/应用

Avatar Secrets. http:// avatarsecrets.com/.

Foc.us headset. http:// www.foc.us/.

Gratitude 365. http:// gratitude365app.com/.

Happify. http:// www.happify.com/.

Happiness Alliance gross national happiness survey. http:// happy counts.org/survey.

HAT (Hub-of- All- Things). http:// hubofallthings.com/.

LifeNaut. https://www.lifenaut.com.

Personal. https://www.personal.com.

RoboPsych Podcast/ Newsletter. http:// www.robopsych.com/.

World Well- being Project (University of Pennsylvania). http:// wwbp.org/.

机构组织

The Association for the Advancement of Artificial Intelligence (AAAI). http://www.aaai.org/ home.html.

The Greater Good Science Center. http:// greatergood.berkeley.edu/ membership.

白皮书/报告

Standard in development: BS 8611 Robots and robotic devices – Guide to the ethical design and application of robots and robotic systems. https:// standardsdevelopment.bsigroup.com/ Home/ Project/ 201500218.

World Happiness Report. http:// worldhappiness.report/.

第 10 章活动练习

感激

- A 问 B："让你心怀感激的人或事物有哪些？"
- B 用两三句话来回答。如，"我感激我的家人，因为……"
- A 重复 B 之所以感激的原因："你感激你的家人，因为……"

- A和B互换，重复上述步骤。

利他主义

- A问B："你在工作或在家时所想到的、值得与人分享的想法是什么，为什么？"
- B用三四句话来回答。
- A称赞B，从具体的方面说出自己觉得该想法有用的原因。
- A和B互换，重复上述步骤。

心流

- A问B："你上次沉浸在工作或某项活动中，是在什么时候？"忘记自我就叫作"心流"——正如前面提到的，是做一件你很拿手的活动时的心理体验。
- B用三四句话来回答。
- A问："在工作或某项活动上多花时间会如何改善你的生活？"
- A和B互换，重复上述步骤。

连接幸福与行动

追踪前幸福评估

马丁·塞利格曼博士是宾夕法尼亚大学杰出的心理学教授、积极心理学的创始人。2011年，他在《持续的幸福》一书中提出了幸福的五大支柱，简称为PERMA（即积极情绪、投入、人际关系、意义和目的、成就）。PERMA分析方法可以对这五大支柱以及消极情绪与健康进行测量。

请阅读以下问题，并勾选你感觉最能描述你的分数。请如实作答——答案没有对错之分。1 代表“完全不”或“永远不”，10 代表“完全是”或“永远是”。

你常常过着有目的、有意义的生活吗?	1 2 3 4 5 6 7 8 9 10
你常常觉得自己在朝目标靠近吗?	1 2 3 4 5 6 7 8 9 10
你常常觉得自己沉浸于正在做的事情吗?	1 2 3 4 5 6 7 8 9 10
你常常觉得自己很健康吗?	1 2 3 4 5 6 7 8 9 10
你常常感到快乐吗?	1 2 3 4 5 6 7 8 9 10
你常常能在需要的时候获得别人的帮助和支持吗?	1 2 3 4 5 6 7 8 9 10
你常常感到焦虑吗?	1 2 3 4 5 6 7 8 9 10
你常常能实现自己设定的重要目标吗?	1 2 3 4 5 6 7 8 9 10
你常常觉得自己做的事情有价值、有意义吗?	1 2 3 4 5 6 7 8 9 10
你常常感到积极向上吗?	1 2 3 4 5 6 7 8 9 10
你常常会为某事激动不已或兴致勃勃吗?	1 2 3 4 5 6 7 8 9 10
你常常感到寂寞吗?	1 2 3 4 5 6 7 8 9 10
你对自己的健康状况满意吗?	1 2 3 4 5 6 7 8 9 10
你常常感到愤怒吗?	1 2 3 4 5 6 7 8 9 10
你常常感到被爱吗?	1 2 3 4 5 6 7 8 9 10
你常常能履行自己的责任吗?	1 2 3 4 5 6 7 8 9 10
你觉得自己的生活有方向感吗?	1 2 3 4 5 6 7 8 9 10
和同龄、同性别的人相比，你的健康状况如何?	1 2 3 4 5 6 7 8 9 10
你的人际关系和谐吗?	1 2 3 4 5 6 7 8 9 10
你常常觉得伤感吗?	1 2 3 4 5 6 7 8 9 10
你常常忘我地热衷于某一件自己喜欢的事情吗?	1 2 3 4 5 6 7 8 9 10

（续表）

你对自己的生活大致上满意吗？	1 2 3 4 5 6 7 8 9 10
总而言之，你觉得幸福吗？	1 2 3 4 5 6 7 8 9 10

了解你所看重的东西

科学研究表明，如果我们不能依照自己的价值观生活，那么我们的幸福感便会降低。这同时还涉及价值观之间的相互作用，这些价值观决定了我们在生活中所采取的许多行动。

请花一点儿时间思考你是谁，你在生活中看重的东西有哪些。然后，请阅读以下对不同人的描述。请逐条阅读各个描述，并标示出所描述之人跟你有多大程度的相似。请如实作答——答案没有对错之分。所有描述均无好坏之别，只是对不同人的描述而已。请标示出以下每一条的描述跟你的相似度有多少（1 代表一点儿也不像你，10 代表完全像你）。

价值观与描述	打分
工作：这个人享受努力工作的过程，能从日常活动——不论是有工资的工作，还是没有工资的活动中找到意义。	1 2 3 4 5 6 7 8 9 10
时间平衡：这个人喜欢在工作、家庭及社交生活之间保持平衡，以抽出时间来体验新奇、刺激的事情或休息。	1 2 3 4 5 6 7 8 9 10
教育、艺术与文化：这个人享受学习的过程，喜欢去博物馆和其他文化中心，致力于艺术追求。	1 2 3 4 5 6 7 8 9 10
成就：这个人喜欢别人认可自己的成就。成功对这个人来说很重要。	1 2 3 4 5 6 7 8 9 10
物质富足：这个人喜欢拥有很多钱及昂贵的东西。富有对这个人来说很重要。	1 2 3 4 5 6 7 8 9 10
健康：这个人喜欢参加健康的活动。保持身体或精神的健康对这个人来说很重要。	1 2 3 4 5 6 7 8 9 10

（续表）

价值观与描述	打分
快乐时光：这个人喜欢快乐的时光，喜欢做一些能够让自己一整天感觉不错的事情。	1 2 3 4 5 6 7 8 9 10
帮助他人：这个人喜欢关心、帮助他人。	1 2 3 4 5 6 7 8 9 10
安全：这个人喜欢避开可能带来危险的事情。生活在安全的环境中并感到安全对这个人来说很重要。	1 2 3 4 5 6 7 8 9 10
大自然：这个人喜欢融入大自然，会找出绿地，并竭力保护自然资源。	1 2 3 4 5 6 7 8 9 10
家庭：这个人喜欢跟自己的家人待在一起。满足家人的需求对这个人来说很重要。	1 2 3 4 5 6 7 8 9 10
精神信仰：这个人感觉与某种比自己更高的东西心灵相通。心灵相通的感觉、宗教或精神信仰对这个人来说很重要。	1 2 3 4 5 6 7 8 9 10
其他：未列出的价值观。	1 2 3 4 5 6 7 8 9 10

如要进一步测试，请访问http://www.yourmorals.org/explore.php网站，并点击“施瓦茨价值观量表”旁边的注册链接。